芳療私塾×BEAUTY

溫老師45種不藏私精油美容法

溫佑君　著

推薦序

一同感受 植物精油的 神奇力量！

1993年，由於從事美容工作的關係，我很早就開始接觸植物精油與芳香療法。雖然，我在學校所學屬於西方傳統醫學，然而對於芳香療法一直有種難以言喻的感情。這幾年隨著全球芳香療法及其他另類療法興起，這些療法愈來愈能補足一些傳統醫學所不能解決的問題與副作用，因此逐漸受到大家的喜愛。運用植物精油於美容的用途，也屬於芳香療法很重要的一個領域，我自己調油及使用精油的經驗中，也有許多例子可以證實精油對於護膚保養上，具有很大的價值。

近年老牛有幸，時常在中國接觸一些美容界的老師及朋友，而每當這些朋友、老師要我分享台灣的芳療經驗，我唯一想到的，便是溫佑君老師，應該說，我本身就是溫老師的粉絲，不論是溫老師的著作，還是溫老師的課程，老牛都以一種非常感恩的態度，學習這些十分寶貴的芳療知識。有時，老牛還會看到溫老師在報章雜誌上撰寫的一些專欄，我也會如獲至寶，將這些專欄收集起來，溫老師在我心中的地位，就如同張愛玲在許多後續文學作家們心中的地位一樣。

溫老師對於台灣的芳療界，可說功不可沒，曾和我一起上過溫老師課程的同學，有許多也與老牛

一樣，有醫學的背景；或者，仍然在醫學界服務。這也證實溫老師的學說，深獲許多醫界及學界的肯定。

然而，知識畢竟是知識，要從一門學問轉變成一門學派、甚或一門藝術，對於一般比較沒有程度的人而言，要一下就栽進芳香療法的世界裡，的確會有一些困難。本書的優點，就是用一種最直截了當的方式，藉由各種一般普羅大眾都會有的肌膚困擾，提出解決這些肌膚問題的答案，同時也有建議的保養方法。不論你是已經熟悉芳療，或者對芳療一知半解的讀者，老牛都十分推薦你閱讀此書。

當然，老牛也要提醒的是，不要忽略溫老師對於每種精油的氣味以及人格化的敘述，當你在調製或使用這些配方時，也要有這種同理心來「共感」每種精油氣味和人性面，相信你必能感受到植物精油「神奇」的護膚力量！

美容教主 牛爾

自序
一本寫給所有人看的美容書

最近得到一個非常有意思的反省機會，恰好可以呼應寫這本書的初衷。因為想讓小朋友擁有「慈母手中線」的溫暖記憶，我這個堪稱女紅白痴的媽媽，壯膽敗了昂貴的縫紉機與拷克機，順道接受廠商提供的買機送課服務。通常這類課程的潛規則是要鼓勵客人繼續消費，而且才藝班不是職訓班，授課老師不可能挑剔學生程度。我那位老師也頗樂於和其他同學閒話家常，唯獨對我從一開始就冷臉相向，有一次向她請教，還被當成小學生一樣地訓斥。

由於了解這種課的屬性，所以我錯愕之餘並未檢討自己的笨拙，第一個閃過腦海的念頭是：「我的模樣有什麼地方不對嗎？」雖然後來真相大白，是我的iPhone惹的禍（老師疑心認真拍下示範步驟的學生，會到網路上亂po而侵權）。但這個經驗應證了本書中眾多個案的感受，那就是，受挫的時候，我們總會對自己的「形象」產生一種反射性的不安。也許有人覺得這種想法深度不夠，但我們的靈魂、智慧、品行、能力，全都寄寓在這副身軀裡，根本就不容切割和抽離。

使用保養品的原始價值本就在維持與修復形象，畢竟我們的皮膚和身材正是最直接赤裸的自我呈現，即便有學識或財富加持，只要看到它們，就無法迴避那個真實的、本來的「我」。所以這本書想藉著各種護膚美體的現象，刺激讀者面對背後更深層的存在議題：「這個世界能不能接納

我？」每一顆痘痘和每一寸肥肉，都受到情緒與性格的餵養，不論讀者原本對美容感不感興趣，都能從這本書找到理解自己的另一扇窗口。

大部分的人想到美容，多半著眼於覆蓋我、掩藏我，較少聚焦在覺察我、彰顯我。不管是護膚還是彩妝，美容的話題一般始於指出缺陷，終於改善缺陷，至於為什麼會有缺陷，乃至於那個缺陷是否真是個缺陷，媒體、專家與大眾都沒空去理會。於是這本書有點像一般美容書的「前傳」，致力於耕耘這個三不管地帶。同時，工欲善其事，必先利其器，如果沒有芳香療法這樣特殊的媒介，那些自我開發工程也無法奇妙地展開，因此這本美容書仍可算是一本精油專書。

既非藝人名模、又非教主達人，敢殺進美容書叢中主要還是因為，我認為美容可以是一個探索自我的手段。因為對外表不滿意，而開始勘驗自己的身心狀態與生存方式，這個過程既有趣又有意義。當然有的時候也挺令人感傷，但若是我們夠誠實也夠聰明，最後可能不再那麼在意是否被世界接納，卻概括承受地接納了自己。這本書會用實例說明，「態度決定高度」這句話一樣適用於護膚美容上。也祝福讀者，在芳香的世界裡發掘出自己獨有的美感與自信。

溫佑君　2011年12月3日

芳療私塾×BEAUTY

溫老師45種不藏私精油美容法

目次

002 推薦序 一同感受植物精油的神奇力量！ **牛爾**

004 自序 一本寫給所有人看的美容書

012 如何使用本書

013 芳療保養的十個先修問題

018 水嫩白美人　基礎篇 *BASIC*

020　　醒膚、控油

024　　外油內乾

028　　保濕

032　　抗老化

036　　抗沙塵

040　　一般性美白提亮

044　　防曬

048　　油性髮質

052　　乾性髮質

056 陶瓷肌美人　進階篇 *ADVANCED*

058　　黑眼圈

062　　眼袋

066　　魚尾紋、法令紋

070　　頸部護理

074　　收毛孔

078　　瘦臉

082　　臉色蒼白

086　　增長眉毛與睫毛

090　　淡化乳暈

094　純淨透美人　排毒篇 *PURIFYING*

096　　淨化排毒

100　　溶解閉頭粉刺

104　　癒合閉頭粉刺

108　　黑頭粉刺

112　　發炎面皰

116　　去痘疤

120　　凹凸不平

124　　細緻膚質

128　　化妝過度引起之黯沉

132　健康系美人　問題篇 *REMEDY*

134　　敏感性皮膚

138　　皮膚炎、濕疹

142　　斑點

146　　曬傷、燒燙傷

150　　紅血絲（微血管破裂）

154　　角質受損

158　　脫皮落屑

162　　扁平疣

166　　富貴手

170 極風采美人　美體篇 *BODY*

172　健胸

176　窈窕

180　橘皮組織

184　妊娠紋

188　落髮、頭皮屑、脂漏性皮膚炎

192　修護染燙髮

196　指甲護理

200　足部、手肘粗乾

204　香港腳

208　附錄　精油植物效用快速檢索表

芳療私塾×BEAUTY

溫老師45種不藏私精油美容法

如何 使用本書

寫這本書的初衷,就是希望對芳香療法或精油僅知皮毛、甚至是完全沒接觸過相關資訊的讀者,也能從這本書裡得到對自身有幫助的實用訊息。因此,整本書的架構以方便檢索為宗,故將肌膚保養問題分為五大篇:「基礎篇」、「進階篇」、「排毒篇」、「問題篇」與「美體篇」,每一篇撿選常見的症狀成書九章,讀者可以很容易就從目錄找到針對自己膚況的章節,迅速尋得適合自己的芳療保養法。

而每一章內含以下五大區塊,讀者可以依據自己所需,選擇當下希望理解的段落閱讀,既可直接檢索精油保養處方,亦可多深入了解該肌膚問題的相關背景資料,乃至研究資訊:

Story :藉由親身臨床故事的分享,分析肌膚症狀背後的心理狀態。

溫老師教室:以深入淺出的文字,簡述症狀發生的生理成因。

美人密技 :針對該問題提供特選精油處方及建議用法。每一種肌膚問題都有兩種處方,一為單一精油之「經濟配方」,二為完整複方精油之「完美配方」,讀者可依自身狀況自由選擇。同樣的,也能依照自身需求,選擇「日常保養」或「加強保養」的建議用法。

精油小傳 :以生動的文筆,側寫配方中最關鍵精油於該肌膚問題的主要功效,如讀故事一般的閱讀體驗,能加深讀者印象,也可視為單方精油的學習資料庫。

科學文獻 :「精油小傳」關鍵精油的近期研究資訊,可供有意深入學習者參考,也幫助入門者一窺精油堂奧。

此外,附錄亦幫讀者整理出【精油植物效用快速檢索表】,方便讀者更迅速查找完整資訊。相信不論是何種讀者,都能從本書得到適合自己的芳療保養方!

芳療　保養的　十個先修問題

1. 精油是什麼？為什麼有療效？相較於市面上那麼多保養品，精油保養最大的優勢為何？

Q. 精油是將植物萃取後所得到的精華物質，因為他是植物經過數億年演化而成的自我防禦結晶，且成分具有藥理作用，所以可以對人體產生一連串的療癒。一般保養品多是針對皮膚表皮，使其表面看起來亮麗年輕。而精油由於分子量小，可直接透過按摩深入基底層、真皮層，從根源改善，使新生的皮膚健康，也許短期內無法像市售保養品般帶來速效的成果，但長期下來卻能擁有真正健康美麗的肌膚。再者，由植物淬鍊而得的精油，完整保留了植物的能量與香氣，氣味飽滿富有層次，每回使用都是一場嗅覺饗宴，勝過多數氣味單一、平板的市售保養品，也能將肌膚保養，提升到心靈的層次，打造由內而外的真正美麗。

2. 精油可以直接接觸皮膚嗎？

Q. 很多市面的資訊會殷殷告誡讀者：「除了茶樹和薰衣草精油之外，千萬不要直接把精油滴在身上！」其實這是一個過度簡化的建議。純精油的刺激性，一是依照不同精油種類而有差異，譬如肉桂的刺激性高，而薰衣草的刺激性低；二是依照精油的保存期限而有差異，像是柑橘類的精油放置超過一年後，會因氧化而刺激性變高；三是依照個人皮膚敏感度以及皮膚現況而異，譬如白種人對純精油的耐受度就比黃種人低，老年人或嬰幼兒對精油的耐受度也較低，全身上下中，臉部肌膚的耐受度也較低，不適合塗抹純精油。以上這些狀況由於變數多，使用時需要較多背景知識來判斷，因此為了避免民眾自行使用出問題，市面上就常聽到純精油不可直接使用的說法。其實大部分的純精油只要避開黏膜與臉部，直接使用一、二滴在皮膚上是安全無虞的。即使如此，純精油仍有一定的刺激性，建議大家偶一為之即可，不要把這樣的用法當成常態以免皮膚表層反而過度乾燥。大部分的治療，只要將稀釋於植物油中的精油拿來塗抹就能發揮最佳療效。

3. 精油一定要加在植物油裡使用嗎？這些植物油對肌膚有什麼幫助？除了以護膚油的形式來使用精油外，還有哪些用法？

Q. 精油是脂溶性的，要增加精油進入人體的吸收效率，自然是調和在油脂裡最好。手邊沒有植物油也可以調和於含有油性物質的乳液或乳霜使用，不過，由於植物油稀釋調和精油的功效最為顯著，因此是調和精油的最佳選擇，再者，植物油塗抹於肌膚時，可給予肌膚滋養與保護，使肌膚柔軟有光澤。而不同的植物油有不同的修護強項，因此在調整皮膚狀況時和精油的選擇一樣重要！建議讀者最好能依照書中的配方來選擇植物油。使用護膚油時若事前搭配熱敷（以熱毛巾覆蓋臉部）或蒸臉，效果更好。另外，以粉劑搭配調和成面膜敷臉，也能因封閉性佳提高保養的效果。

4. 書上配方一定要照著用嗎？有人說處方因人而異，不該人人都用同樣配方？

Q. 就像中醫除了醫生把脈給予個人化處方之外，市面上也有許多現成的有效藥方可以抓來使用，本書上所建議的配方，皆是溫老師多年臨床經驗，以大方向為著眼點來設計的，能適用於每一個人。若您已經有相關芳療知識，可以書中建議配方為主，另外加入一些因人而異的精油搭配使用。

5. 使用單方精油與複方精油（多種單方調和在一起）的差異在哪裡？

Q. 從單方精油入手，方便我們掌握該芳香植物的性格，熟悉其身心療癒力。但實際運用在芳療時，通常是調配成複方，不僅功效強大且較安全、應用更多元，氣味層次也較佳。

6. 如何調製護膚油和面膜？自製護膚油或面膜的保存期限是多久？

Q. 調製護膚油時，遵守以下幾個原則即可：1.使用玻璃容器（燒杯、玻璃精油瓶等）；2.不需用力

攪拌，而是<u>輕輕的拌勻</u>，讓精油與植物油慢慢地融合；3.倒入深色玻璃瓶並貼上保存期限標籤即可。一般來說，放置在陰涼處，未經陽光直射，且每次使用後都蓋緊瓶蓋的護膚油，可參照所使用之植物油的保存期限，作為此護膚油的保存期限。此外，有些植物油內含較多容易氧化的脂肪酸，每次使用後，需蓋緊瓶蓋。如瓶口已有氧化結晶，只需擦拭乾淨，並將上層接觸到空氣氧化的油脂約1ml倒掉，在保存期限內仍可繼續使用。至於調製面膜，則是將粉體（本書推薦以各半的比例使用白芷粉及白芨粉）、水分（本書推薦純露）與護膚油依書中建議比例混合。由於含有水分，須當次使用完畢。

護膚油調製步驟：

於玻璃容器中
倒入處方所需植物油。

依處方比例加入精油。

以攪拌棒輕輕攪拌，
使精油與植物油混合均勻。

倒入深色玻璃瓶。

貼上寫有保存期限
的標籤即完成。

面膜調製步驟：

於玻璃容器中
倒入白芷粉與白芨粉。

依處方
加入已調妥之護膚油。

混合適當的純露。

輕輕攪拌均勻
即可馬上使用。

7. 使用調油的同時可搭配其他保養品嗎？保養的順序應該如何進行？

Q. 可以的，只要依照保養品性質順序使用，精油並不會與其它保養品的功效產生衝突。由於精油的分子很小（分子量在80～200之間），所以精油應作為保養的第一道手續。皮膚保水度佳時，護膚油的吸收速度較快，洗完臉後拭乾水分馬上塗抹是最佳的時機，如果並非剛洗完臉，就於塗抹化妝水增加保水度之後塗抹護膚油。之後依序為精華液、乳液等，照一般保養程序進行。

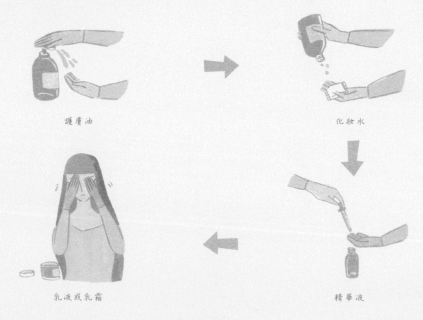

護膚油

化妝水

精華液

乳液或乳霜

8. 治療問題肌膚，芳香療法可以完全取代醫生處方嗎？

Q. 書中所提之皮膚問題，可以完全使用精油來保養，但是其他急性或嚴重的皮膚疾病，還是需要專業醫生的治療與診斷。精油處理皮膚問題所需時間較長，一般人比較沒有耐心，如果你沒有

辦法自行判定皮膚的狀況，例如：溼疹、疣或是痤瘡，可以先請醫生診斷，確定皮膚的狀況為何，再決定要以芳香療法作為主要治療方法或是輔助治療方法。

9.能純粹以喜不喜歡該香氣作為挑選精油的標準，完全不考慮療效嗎？

Q.當然可以，只要遵守安全劑量的原則，我們可以藉由香氣帶來美的感受！而美豐富了我們的生命與生活，當天然植物的氣味透過鼻子的嗅覺接收器，傳達至腦部掌管情緒的邊緣系統，就直接影響了情緒，使我們感到愉悅或振奮，和其他對號入座的治療處方相比，可說是最棒的療效了！從芳療師的個案經驗來看，我們也發現，個案喜歡的精油，常常也代表了他所嚮往的身心境界，此精油很容易會與個案的身心問題相對應，剛好就是個案最需要的精油呢。

10.如何選購天然精油、植物油、純露等芳療材料？

Q.精油作為療癒我們身心靈的產品，若買到劣質的精油，不只效果不好，甚至可能危害到人體的健康。然而，市面上的精油百百種，我們到底該如何選購呢？1.盡量選擇有信譽或有固定銷售點的品牌，如果具備有機認證更好，不但可以享受充分的售後服務，也較有保障。專業的銷售服務人員或售後服務體系，能夠提供相關的臨床經驗及配方；2.產品包裝及說明愈完整愈好，譬如是否裝載於深色玻璃瓶中、是否清楚標示製造商、精油拉丁學名、純度、容量、保存期限，乃至植物產地、萃取部位、萃取方式等；3.試聞香氣是不是和天然香氣接近，雖然這需要經驗，但人類的鼻子是最精密的嗅覺儀器，故可先從幾家有口碑的品牌精油來訓練嗅覺記憶，之後再聞到同品項精油就能立即得知真偽。若讀者仍有疑慮，很歡迎至肯園芳香購物網www.cango-shop.com選購。至於書中面膜提到的白芷粉和白芨粉，則在一般中藥行皆可買到。

一點點薄荷、一點點白玫瑰、一點點印度茉莉，
猶如盛夏午後的一場及時雨，讓
緊繃的羽翼卸下；縱身一躍，成了藍海中最自在的美人魚。

水嫩白美人 Basic

基礎篇

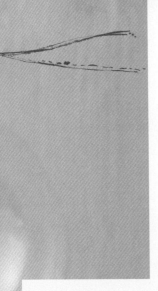

醒膚、控油
Story

　　我見過最戲劇性的皮膚變化，就是一個跟醒膚控油有關的案例。第一眼見到那個學生時，我還真是嚇了一跳。雖然從頭到腳精心打扮，但她看起來彷彿整形失敗一般，全身上下無一處到位。同時，她一臉像是剛從油鍋裡撈上來，談話過程中不停地拿吸油面紙按壓來按壓去。她表示自己因為長期失業而焦慮不堪，雪上加霜的是，相交多年的男友也因為她的「不長進」而提出分手。透過諮詢，我請她找出自己的優勢與獨特性，也替她選了既能忍胯下之辱、又能對自己從寬量刑的薄荷組合。隔天她走進課堂的時候，竟然大變身成了人間四月天裡的周迅！而我連著兩天受同一個人「驚嚇」，這才領受到「人面之不同，各如其心」。情緒真的可以決定我們的美醜，而精油除了可被分析的生理作用，更能支持並強化正向思考。過去，所謂心理作用，往往被拿來指涉沒有事實基礎的空想，但最新的神經科學能夠證明，心理狀態在很多時候都是身體問題的肇因與救星。所以美容而不美心，就算有效果也是短暫的。

溫老師教室 June's class

臉上的常在菌能將皮脂分解成游離脂肪酸，因此，細菌滋長時，自然容易泛出油光。細菌多寡也受溫度與溼度左右，在適合細菌生長的溼熱季節，就得花更大的力氣控油。但皮脂分泌過盛的主要條件還是來自於體內，飲食與荷爾蒙都會直接影響皮脂腺的活動狀態。每天補充5到10毫克的維生素B2，能改善皮膚和頭髮多油的現象。含有特別多B2的食物包括肝臟、腎臟、心臟。所以，許多女性害怕皮膚出油而拒絕任何動物性食材，結果卻適得其反。

至於荷爾蒙的部分，皮脂腺會受到雄性激素的影響而體積變大，並使皮脂產量暴增。睪丸酮是眾所周知的皮脂腺啦啦隊，不過腎上腺與卵巢分泌的雄性激素也不遑多讓。所以多囊性卵巢症候群的患者，以及腎上腺過度工作的壓力鍋一族，也都有可能油光滿面。這種油光反倒讓皮膚看起來更加晦暗，產生一種不乾淨的錯覺。所以有這類的皮膚困擾時，一定要先讓自己「無為」，以免緊張恐慌的結果卻是欲蓋彌彰，使皮膚愈吸油愈出油。

調節荷爾蒙尤忌亂用藥，不要以為提高雌激素就能壓下雄性激素，還是該歸本溯源，從解除壓力下手。壓力降低了，腎上腺和卵巢也都會恢復平和。我們觀察到，腎上腺素與睪丸酮旺盛的女性，工作上表現得雄心勃勃，情緒上也比較容易乾綱獨斷，這些都是工商社會鼓勵的特質，不少女性便漸漸掉入「成功」的陷阱。所以，一張過油的臉，也提醒我們思索，追求卓越是不是一定要向男性取經？

美人密接 Beauty tips

精油種類：脣形科薄荷屬精油（胡椒薄荷、娜娜薄荷、美洲野薄荷、綠薄荷、檸檬薄荷）
完美配方：上述精油各1滴，加入15ml的冷壓葡萄籽油，混合均勻。
經濟配方：美洲野薄荷3滴，加入10ml的荷荷芭油，混合均勻。
日常保養：早晚洗過臉後，用2滴上述按摩油輕拍全臉，小心避開眼睛。
加強保養：【醒膚面膜】白芷粉＋白芨粉15ml（1大匙）＋上述調油25滴＋杜松純露12.5ml（2.5茶匙），敷臉10分鐘後洗去，每週一次。

精油小傳　美洲野薄荷Mentha arvensis

美洲野薄荷又叫做日本薄荷、玉米薄荷或野地薄荷，因為含有70～90％的薄荷腦，所以是薄荷腦的主要萃源。它有非常廣泛的商業用途，可以選擇性地刺激皮膚與黏膜的冷覺感受器，產生清涼舒適的感受，還能使皮膚與黏膜的血管收縮，如此一來就有減緩發紅發癢的效果，因此九成以上的化妝水都添加了薄荷腦。止痛、止癢、退紅、消腫的作用，也使薄荷腦出現在各種痠痛軟膏或噴劑中。不過這些作用比較是短時間與感受性的，暫時止痛止癢的感受消退後，問題可能還未解決，所以應避免濫用與過份依賴，否則連感受性都遲鈍時，薄荷腦就無法提供任何協助了。

因為這種壓倒性的涼意，美洲野薄荷的不沾鍋性格十分明顯。當我們耽溺在某種情結不可自拔時，或是黏膩地依戀某個對象時，美洲野薄荷就像當頭棒喝，至少讓腦子冷卻片刻，給我們一個重新尋回自主性的機會。

科學文獻

一、薄荷屬精油對乙醯膽鹼脂酶的抑制作用

＊實驗顯示美洲野薄荷有很強的抑制力，因此對阿滋海默症極有幫助。

Kameoka H., Miyazawa M., Umemoto K., & Watanabe H. (1998). Inhibition of acetylcholinesterase activity by essential oils of Mentha species. *Journal of Agricultural and Food Chemistry, 46*(9), 3431-3434.

二、美洲野薄荷精油的抗菌與抗黴作用研究

Chand, L., Negi, S., Singh, A. K., & Singh, S. P. (1992). Antibacterial and antifungal activities of Mentha arvensis essential oil. *Fitoterapia, 63*(1), 76-78.

外　油內乾
story

沒用過精油護膚的人，最難理解的一件事，就是如何能以「油」去「油」。大家不了解的是，許多精油都有分解皮脂的作用，同時還能激勵真皮的膠原生成，兼具長程保濕的效果。即使調在植物油中，因為兩者都能充分被皮膚吸收，在適量塗抹的情況下，它的觸感至多就像精華液一樣。我接受過一個別的芳療師轉介過來的個案，她曾經找知名的皮膚科醫師求診，卻一直達不到自己的期望，最後轉投芳香療法，抱的是死馬當活馬醫的悲觀態度。事實上她的皮膚也不過就是一般所謂的外油內乾，但由於她從小被單親的媽媽百般挑剔，動輒得咎，因此她已習慣對自己批評指教，不相信自己也有做得好、調理得好的一天。我讓她試過好幾種精油，她最喜歡桂花，桂花對她的效果也最好。雖然如此，她還是憂慮，會不會有一天桂花也沒效了？我抄了一首朱淑真詠桂花的七言絕句給她，念到「人與花心各自香」時，她的嘴角浮起一抹淺笑。後來她仍持續用油，倒也不拘桂花，狀況一直都很穩定，想必是慢慢散發出自己的芳香了。

溫老師教室 June's class

臨床上的膚質分類並沒有「外油內乾」這一項，它不是天生的皮膚性質，而是後天造成的皮膚狀態，主要發生於過度清潔的油性皮膚。現在流行的看法是，早期針對油性膚質的配方只強調「去油」與「清潔」，忽略了保濕的重要性，讓皮膚失衡，造成混合性肌膚（兩頰缺水而鼻翼額頭冒油）。新的保養觀念認為當角質受損而喪失保水能力時，皮膚一方面會呈現乾燥現象，一方面則努力釋出油脂來增強防護層，也就形成所謂的外油內乾。

所以，外油內乾的皮膚最好不要過於積極地去角質，也不要依賴抑制油脂分泌的配方反覆刺激皮脂腺。當務之急與根本的做法，就是要避免角質過度角化，因此含酒精的化妝水與高濃度的防曬品都是絕對的禁忌。健康的角質可說是美麗肌膚之本，角質夠強壯的話，就能自動

保濕，並抵抗紫外線、熱空氣、細菌與各種化學物質。既然基本防禦工作都已做到，自然就不用勞動皮脂來「補牆」。

但是一個人為什麼老想在自己的皮膚上進行「減法」？如此講求清潔的背後，常常藏有某種忐忑，覺得自己不夠潔淨、不夠理想。有些人不斷洗臉，甚至接近強迫行為。而好好照顧角質，也就意味著給自己留餘地、留面子，真心接納自己的樣子，而不是企圖抹去比不上別人的地方。誠實的美容專家都會告訴你，又要保濕又要控油是不可能的任務，只能分段進行。若是要找個一魚兩吃的對策，就只能靠精油這個心靈的保養品了。

美人窈技 Beauty tips

精油種類：木犀科、鳶尾科、堇菜科、龍舌蘭科、石蒜科、蓮科精油（桂花、鳶尾草、紫羅蘭葉、晚香玉、水仙）

完美配方：上述精油各1滴，加入10ml冷壓葡萄籽油，混合均勻。

經濟配方：桂花原精3滴，加入10ml荷荷芭油，混合均勻。

日常保養：每日早晚潔膚後輕輕塗抹全臉。

加強保養：【控油面膜】白芷粉＋白芨粉15ml（1大匙）＋上述調油25滴＋橙花純露12.5ml（2.5茶匙），敷臉10分鐘後洗去。

精油小傳　桂花　Osmanthus fragrans

《本草綱目》中記載，「木犀花辛溫無毒，久服輕身不老，面生光華，媚好常如童子。」這個木犀花就是桂花，叫木犀是因為它的木質緻密，紋理如犀角。我處理過一個曾被醫師診斷為蜂窩組織炎的嚴重面皰個案，就是用桂花精油讓她恢復平整的面容。它和紫羅蘭一樣含有紫羅蘭酮，這個成分對外油內乾、毛孔粗大的皮膚特別有益。不論在生活應用的廣度，或是思想文化的深度，桂花其實都比茉莉更貼近中國式的身心，是更為典型的中國香氣。這香氣「清」可絕塵，「濃」可溢遠，既清又濃，脫俗絕妙。特別是這個清字，具體表現在它樹下絕無雜草生長，並可吸附氯、硫、汞而淨化環境，所以桂花在蘇州普遍被用作行道樹。

大書法家黃庭堅苦心學佛，問道於晦堂和尚仍不得其解。有一日兩人漫步山道，晦堂問他是否聞見桂花的氣味，黃庭堅說聞到了，晦堂又問他香嗎？黃庭堅就因此悟道了。這則「聞木犀香」的禪宗公案，可以說明為什麼傳統的中國知識分子特別認同桂花。在這個講究公關、崇尚行銷的時代，還有多少人聞得到桂花的寂寂自飄香呢？

科學文獻

一、桂花抗菌屬性研究

＊實驗顯示，桂花精油抗菌力超過桂花的乙醇提取物兩倍，且它對金黃葡萄球菌、仙人掌桿菌、傷寒沙門氏菌有效，而對大腸桿菌、痢疾志賀菌、綠膿單胞菌無效。

Dong, J., Yin, Z., & Zhao, G. (2009). Antiviral efficacy against hepatitis B virus replication of oleuropein isolated from Jasminum officinale L. var. grandiflorum. *Journal of Ethnopharmacology, 125*(2), 265-268.

二、大花茉莉抗潰瘍與抗氧化的作用研究

亓秀玲、亓桂枝（2002）。**吉林中醫藥，22**（1）。

保濕
Story

要在台北這種護膚的重裝備城市，找到形容枯槁的年輕女性，還不是一件容易的事，但我就碰過一個無論擦什麼保養品都船過水無痕的少婦。她的五官端麗，氣質出眾，可是皮膚三天兩頭地鬧旱災。所有可能導致皮膚缺水的原因，她都不具備。當然跟長期餐風露宿或年老失修的那種乾燥皮膚相比，她那完全是小兒科。但就算是路人甲也會好奇，為什麼這般生活優渥、夫慈子孝，好花插得瓶供養的女人，還會凋萎？我們偶爾發現，只要她事業成功的老公有空陪夫人喝茶，她的臉就乾得更厲害。重點當然不在於喝茶，而是她對自我價值的渴望。她認為若要「匹配」才情一流的夫婿，就不能只是稱職的配件，理當要有自己的成就。於是，我努力說服她使用茉莉來護膚。她原本抗拒任何太「女人」的香氣，但勉強用了幾次之後，竟然覺得找到知己。而她陸續參加的一些心靈成長課程，也逐漸顯現成果，她開始願意相信，沒有工作不等於沒有自我。說也奇怪，或者一點也不奇怪，她的皮膚自此之後便彷彿從沙漠長出了綠洲。

溫老師教室 June's class

如果要票選三個最夯的護膚概念，很可能得到的答案會是「保濕」、「保濕」、「保濕」。保濕為什麼那麼重要？因為皮膚外觀有極大比重取決於角質層的含水量，不管太油或太乾，都和缺水脫不了關係。保濕分兩個步驟：供給水分與鎖住水分。日常保養品中的化妝水、精華液能夠供給水分，保濕面膜更能深度供輸。含有脂質的乳液（油性膚質適用）或面霜（乾性膚質適用），則在皮膚表面形成一層保護膜以鎖住水分。芳香療法靠純露和護膚油可以一併完成這兩件事。

對芳香療法稍有涉獵的消費者大概都聽過純露的好處，負責供水的純露（也就是花水），不僅氣味優雅，且因為普遍為弱酸性，又含有微量芳香分子，對於缺水肌膚的修護力遠勝任何化妝水。隨時拿來噴灑，或是沾溼面膜錠來敷臉，是最經濟實惠的保濕訣竅。護膚油的作用也不僅僅是鎖水而已，精油中的一些重要成分如酮類，能對基底層乃至真皮層進行全面性的細胞更新。敷臉前如果先用護膚油打底，再貼上純露面膜錠，效果絕對不遜於其他更昂貴或更繁瑣的作法。

決定角質層濕潤度的不只是單純的水分，還有其他天然的保濕因子，但這些物質的屬性都同於水元素。水的特質是包容、接納、無所拘執與富於流動性，這也是為什麼呈現水嫩質感的皮膚，給人的第一印象通常都是溫柔、女性化、容易滲透、讓人樂於親近。由於皮膚與情緒的關係緊密，我們不難想像，當心理上排斥自己、否定自己，並且抗拒與環境水乳交融時，要皮膚展現水的特質，自然也會遇到重重障礙。

美人密技 Beauty tips

精油種類：木犀科素馨屬精油（印度茉莉、摩洛哥茉莉、埃及茉莉、阿拉伯茉莉）

完美配方：上述精油各1滴，加入10ml雷公根浸泡油，混合均勻。

經濟配方：印度茉莉原精4滴，加入10ml荷荷芭油，混合均勻。

日常保養：早晚潔膚後輕塗全臉。

加強保養：【保濕面膜】白芷粉＋白芨粉15ml（1大匙）＋上述調油25滴＋檀香純露12.5ml（2.5茶匙），敷臉10分鐘後洗去。

精油小傳　印度茉莉　Jasminum officinale var.grandiflorum (L.)klbuske

珍稀的花朵類香氣，除了玫瑰、橙花以外，幾乎都靠溶劑萃取，否則所得的油量更少，價位更高，氣味也容易走樣。這種成品嚴格來說應叫原精，但我們往往為求方便而一律稱之為精油。溶劑萃取法不牽涉水氣，最後也不可能得出茉莉花水。不過現在也有人專門拿茉莉花蒸餾純露，氣味之動人不在精油之下。印度是各種珍貴花香原精的最大產地，一方面因為氣候條件適合這些嬌客生長，另一方面因為有廉價勞工負擔繁重的手採工作。但凡是去過印度、親眼看過當地人如何興高采烈地在田間工作

的人，不免覺得能夠時時感受「花氣薰人欲破禪」，難道不是這個「心情其實過中年」的民族另類的福報？

茉莉獨門的素馨酮，加上艾草特多的側柏酮，聞起來頗有幾分空山新雨後的味道，再加一點雷公根油擦在臉上，皮膚的觸感幾乎接近果凍了。它原來的中文名稱是素馨花，中藥用於疥癬和帶狀瘡疹，還認為它「芳香透達，能疏肝解鬱」。如果能「透達」到看穿榮枯，自然沒有什麼好鬱結的。

科學文獻

一、大花茉莉分離出的橄欖苦苷對B型肝炎病毒複製的抗病毒效應

Dong, J., Yin, Z., & Zhao, G. (2009). Antiviral efficacy against hepatitis B virus replication of oleuropein isolated from Jasminum officinale L. var. grandiflorum. *Journal of Ethnopharmacology, 125*(2), 265-268.

二、大花茉莉抗潰瘍與抗氧化的作用研究

Asokkumar, K., Rathidevi, R., Ravi, T. K., Sivashanmugam, A. T., Subhadradevi, V., & Umamaheswari, M. (2007). Antiulcer and in vitro antioxidant activities of Jasminum grandiflorum L. *Journal of Ethnopharmacology, 110*(3), 464-70.

抗　老化
story

多數人是從美容開始認識精油，但芳香療法的應用範疇極廣，就比較專業的芳療工作者而言，精油護膚只占工作版圖的一小部分。以我個人來說，雖然膚質談不上令人稱羨，但平日一向被人少猜十歲，又力行每天塗油泡澡的保健功課，因此在臉部護膚方面不免掉以輕心。直到吃全母奶的老二長到一歲半時，我突然驚覺鏡中的自己「老了」。年過四十才獨力照顧兩名幼兒（爸爸大部分時間在荷蘭工作），對於打點自己完全是心有餘而力不足，沮喪的時候，甚至想過該不該去試試微整形。幸好理智戰勝一時的情緒，最後還是拿出做個案的精神，定下心來認真用油。既然要對付的是老化問題，上上之策自然是促進皮膚再生的酮類精油，而這裡頭的核心就屬迷迭香與鼠尾草。植物油方面，我偏好雷公根再加上一點沙棘油。就這樣只問耕耘了三個月，相交多年的香港朋友再見到我時，笑說眼看著一朵花的頭就垂下去了，怎麼一轉眼又挺了起來。老化是不可逆轉的生命過程，但在精油的守護下，我相信自己可以老得很優雅。

溫老師教室 June's class

抗老化在細胞層次的主要課題是抗自由基，亦即抗氧化。但氧化是每個細胞運作的必要之惡，就像汽車沒有燃料無法發動，人體沒有氧氣也不可能活存。而汽油燃燒後會產生廢氣，細胞在呼吸與食物轉成能量的過程中也會產生自由基（一種活性氧），這些自由基轉頭來攻擊細胞，就造成了細胞的損傷甚至死亡。舉凡關節炎、高血壓、糖尿病、皺紋、斑點等等器官質變現象，始作俑者都是自由基。

科學家在植物界發現許多能夠延緩老化的物質，它們幾乎也都是抗自由基的活性成分。大眾最熟悉的抗氧化物質是維生素C、E、和β胡蘿蔔素。以維生素C為例，雖然衛生署公布的每日營養素建議量是60毫克，但真要達到抗氧化的作用，不到1000毫克是不可能做到的。由此可知，想要保持皮膚的年輕活力，每天最少該攝取1000毫克的維生素C。維生素E和β胡蘿蔔素在沙棘油中含量豐富，沙棘油既可內服又可外用，可說是抗老化最優越的植物油。

藍莓因為富含花青素，抗氧化指數（ORAC）為2400TE/L，被捧為抗氧化之星。然而，很多精油都能輕而易舉地超過這個高標，比如，迷迭香的抗氧化指數是3309TE/L，永久花有17420之多，而酚類的百里香和野馬鬱蘭竟達15萬以上，奪冠的丁香甚至到了破表的1078萬！當這些芳香植物聚在一塊時，簡直就是一座不老林。要注意的是，酚類精油雖然超級抗氧化，但也易刺激皮膚，所以對皮膚最溫和的酮類精油如迷迭香、永久花等等，就成了皮膚抗老化的首選。

美人窩接 Beauty tips

精油種類：脣形科迷迭香屬精油（龍腦迷迭香、高地迷迭香、桉油醇迷迭香、馬鞭草酮迷迭香）

完美配方：上述精油各2滴，加入15ml的雷公根浸泡油，混合均勻。

經濟配方：馬鞭草酮迷迭香精油5滴，加入10ml的橄欖油，混合均勻。

日常保養：每天早晚清潔臉部後，用3滴調油輕拍臉部與頸部。

加強保養：每週一次用調油5滴塗抹肝膽部位後，以熱毛巾或熱水袋熱敷該部位15分鐘。這麼做可以產生養肝的效果，讓皮膚更容易更新。

精油小傳　馬鞭草酮迷迭香　Rosmarinus officinalis L. verbenone CT

匈牙利皇后用了迷迭香製成的回春水，恢復癱軟四肢的活力，是芳療史上無人不知的典故。不管是哪種化學類型的迷迭香，都具有養肝利膽、除皺美顏的功效，但表現最出色的，就屬馬鞭草酮迷迭香。我常跟學生開玩笑，說如果只對精油護膚感興趣，那就光學酮類精油就可以了。因為酮可以紮紮實實地促進細胞再生，所有的皮膚問題都能被它代謝掉，老化當然更不必提。而迷迭香就是一種酮類精油，它又分龍腦、馬鞭草酮、桉油醇這三型，三者都含酮，含量最高的是龍腦迷迭香，所含酮類最珍稀的是馬鞭草酮迷迭香。酮的重要屬性中包括脂溶性，研究顯示，精油的抗菌能力一般與其脂溶性成正比。科學家並且推測，精油抗腫瘤

作用的機制之一，可能是透過溶解細胞膜的脂類成分來破壞癌細胞的完整性。所以迷迭香稱得上是一種全面的抗老精油，從替單一細胞抗菌、幫助肝臟抗自由基，到皮膚更新和誘使腫瘤縮小，這種廚房裡的香料無所不能。不過作為治療之用，當然和烹調的劑量與用法不同。

酮的氣味一般給人很強的藥物感，但在馬鞭草酮迷迭香身上較不明顯。這種迷迭香帶有一種學者的風采，深刻而專注，可以皓首窮經而不知老之將至。有的時候，青春氣息是從神韻中散發，而不僅是自外貌上表現。在馬鞭草酮迷迭香的香氣裡，我們可以學到這一點。

科學文獻

一、各種無性生殖的迷迭香之抗氧化作用
Hegedûs, A., Renner, C., Stefanovits-Bányai, É., Tulok, M. H., Varga, I. S. (2003). Antioxidant effect of various rosemary (Rosmarinus officinalis L.) clones[+]. *Acta Biologica Szegediensis, 47*(1-4), 111-113.

二、迷迭香精油誘導肝癌HepG2細胞凋亡的實驗研究
＊實驗顯示迷迭香精油能誘導HepG2細胞凋亡，表明其可能成為新的高效抗肝癌藥物
王宇、王琳、朱豔麗、崔國力、劉君星、劉春輝、魏鳳香（2008）。**中國老年學雜誌，28**（23）。

抗 沙塵
STORY

這幾年的春天剛好都有機會到北京出差，每次的短暫停留中，當地朋友一定反覆提醒：這個季節沙塵暴多，你沒遇上多麼幸運云云。雖然台灣不會直接受沙塵暴威脅，仍有一些女性得在塵土飛揚的情況下工作。我們有好幾位常常出入工地視察的設計師客人，總會抱怨工作環境讓皮膚狀況變差，有時候甚至開玩笑說，應該打扮成阿拉伯婦女那樣去上班。蒙頭罩臉當然是抗沙塵最簡便的方法，不過護膚油也可以成功修護受沙塵襲擊的皮膚。鬧SARS的那一年，我帶了一群學生去摩洛哥進行芳香之旅，雖然遊歷的景點離撒哈拉沙漠還有一點距離，但一路上還是吃了不少沙塵。既然是芳香之旅，身上帶的油不會少，所以我們一面領教阿拉伯頭巾的厲害，一面實驗各種精油抗沙塵的本領。當然個人各有不同的心得，不過我意外發現，一些香料類與樹脂類的油調和在一起，能使因沙塵而粗乾起疹的皮膚，回復柔軟有彈性的狀態。這類精油自古以來就深受沙漠地區人們的喜愛，想來不是偶然。

溫老師教室 June's class

由冷轉熱的早春時節，北方乾冷的空氣，容易挾帶大量的粉塵及重金屬等有害微粒南下。空氣乾燥加上滿天揚塵，使皮膚表層水分快速散失，變得粗糙無光澤。細微的粉塵停留在臉上，還會使毛孔阻塞，膚質脆弱的人受此刺激，便可能發生乾燥、紅腫、皮疹、過敏、皮膚搔癢等症狀。此時更要多飲水及時補充水分，加速體內廢物的代謝，同時也要勤加洗手洗臉，去除皮膚上的粉塵，最後再塗抹比較有延展性的按摩油，就能修護沙塵對皮膚造成的傷害。

當外界的變化規律而漸進時，人體比較容易適應。然而，沙塵暴的侵逼往往是突發性的，皮膚必須具備更靈敏的反應能力，才有辦法跟上風雲變色的環境。但應變之快慢不單單取決於皮膚本身，還要看神經系統的表現。沙漠地區的人們傳統上都善於經商，通權達變，就是一個很好的例子。因此，若是能夠提升心理的耐受度，保持思想的彈性不僵化，肌膚也會比較勇健，使自癒能力更強，適應能力更佳。

在激勵神經方面，香料類精油是不容錯過的活水源頭。西方有句諺語說：「給生活加點胡椒」，正可說明這類精油本性活潑。而特產於伊比利半島和北非的岩玫瑰，更是一種八面玲瓏的精油，專門處理突發狀況，像是出血、病毒感染，用於皮膚時，能促進皮膚的彈性與新陳代謝能力。至於來自西非的雪亞脂（又名乳油木果），近幾年被推廣得極為成功，許多品牌都拿它來大做文章。雪亞脂跟抗沙塵有什麼關係呢？我有個學生戲稱它是「木乃伊的護膚油」，應該算是很傳神的解釋了。

美人密技　Beauty tips

精油種類：半日花科、漆樹科、胡椒科、肉豆蔻科（岩玫瑰、熏陸香、巴西胡椒、秘魯胡椒、綠胡椒、肉豆蔻）
完美配方：上述精油各1滴，加入10ml雪亞脂，混合均勻。
經濟配方：巴西胡椒精油4滴，加入10ml甜杏仁油，混合均勻。
日常保養：早晚洗臉後用調油輕輕抹勻全臉。
加強保養：【抗塵面膜】白芷粉＋白芨粉15ml（1大匙）＋上述調油25滴＋岩玫瑰純露12.5ml（2.5茶匙），敷臉10分鐘後洗去，每週一次。

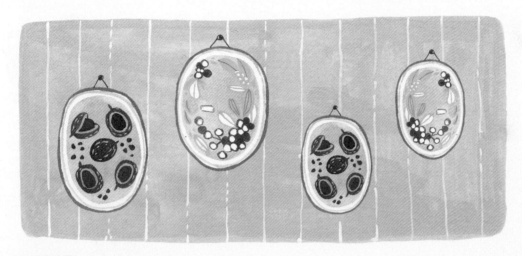

精油小傳　巴西胡椒　Schinus terebinthifolius raddi

市場上有一種粉紅胡椒，顏色漂亮，氣味清香，來自一種原生於巴西的漆樹科小樹，俗稱巴西胡椒。它的葉片長久以來都是巴西人極信賴的藥材，用來消毒潰瘍皮膚、紓解支氣管炎，南部巴拉南州的人們還拿它的葉片處理口腔疾病。今天科學研究已經一一證實這些民間療法的真確性，或許可讓外地人對巴西胡椒改變印象。因為，它的樹形雖然婆娑美麗、搖曳生姿，但競爭力太強，離了家鄉便到處鳩佔鵲巢，還被佛羅里達州列為頭號不受歡迎外來樹種。若能充分利用它的藥學屬性，既能產生經濟效益，也是一種生態控制的手段。而精油的萃取需要大量葉片和果實，比單純當做香料更有效率，這也是芳療發展另一種可能的貢獻。

商業生產的巴西胡椒精油大多萃取自葉片，雖然它的葉片和果實都含有精油，但兩者成分大不相同。果實精油以單萜烯為主，葉片精油的倍半萜烯最高可達90％。倍半萜烯的親膚性強，消炎作用明顯，所以葉片精油更適合用在皮膚上，而它旺盛的生命力也能激勵皮膚，在各種惡劣條件下仍保持最佳狀態。

科學文獻

一、巴西胡椒葉片萃取對大鼠舌頭黏膜之傷口癒合作用研究

Thaís de Almeida Lanzoni. (2006). *Effect of leaves extracts from Schinus terebinthifolius raddi in wounds induced on the tongue mucous of rats.* (Master's thesis, Pontifícia Universidade Católica do Paraná).

二、巴拉圭植物萃取的抗氧化活性

＊實驗顯示巴西胡椒具有極高的清除自由基能力

Mordujovich de Buschiazzo, P., Saavedra, G., Schinella, G. R., Tournier, H. A., & Velázquez, E. (2003). Antioxidant activity of Paraguayan plant extracts. *Fitoterapia, 74*(1-2), 91-97.

一般性　美白　提亮

Story

我在化妝品公司工作時發現，許多美容師的皮膚都是光滑有餘而白皙不足。排除先天條件不論，她們不是操勞過度，便是家庭不睦，雖然收入頗高，專業度夠，用得起各種昂貴的產品，但就是沒辦法讓自己白起來。有一個扭轉乾坤的故事，或許可以替這些案例做個總結。當時，那位美容師是好幾家公司心目中的天后級客戶，單槍匹馬就創造了許多大店也望塵莫及的業績。可是她事業一天比一天成功，膚色卻一天比一天黯淡。大家都勸她不要讓自己太累，但在她跟我討論美白配方時，我才意外得知，真正困擾她的是另一伴的外遇。尤其丈夫振振有詞的藉口，竟是妻子過於忙碌，不甘受到冷落。我請她不要只把玫瑰拿來護膚，更要早晚三滴抹在胸口。大約半年之後，她在眾人的惋惜聲中把工作室結束掉。後來又有機會見面，她告訴我，玫瑰讓她很想回歸家庭。我試著在她臉上搜尋失去自我的落寞與悔意，卻只看到愛與成全澆灌出的一片祥和與白淨。

溫老師教室 June's class

不論是哪一個種族，居住在哪一個地區，攝食了哪些營養，與生俱來的黑色素細胞數目都差不多。造成膚色深淺的關鍵，是黑色素的產量和分布情形。東方人的角質層和真皮層的脂肪中又多了胡蘿蔔素，所以膚色偏黃。結論就是，只要你的黑色素細胞比較懶散，而且黑色素一出廠就被打散（黑色素聚在一起就會形成雀斑），同時角質與真皮層裡又找不到胡蘿蔔素，你就有機會變成白雪公主。

於是，你憤憤不平地想，為什麼我的黑色素細胞要如此勤奮？其實它們也是身不由己，主要是受到紫外線和腦下腺前葉的鞭策，才會加班工作，產量大增。要閃躲紫外線挺簡單，可是你腦中的那顆小櫻桃在想什麼？沒事送出黑色素細胞刺激素（MSH）幹什麼？我們只知道，下視丘不斷給腦下腺下指導棋，

腦下腺做任何動作，一定跟神經系統有關。和神經系統有關常常也和情緒有關，所以，如果要說黯沉的臉色來自黯沉的心情，這話絕不是沒有科學根據。

現在公認最屬害的美白保養品，都集中火力在抑制酪胺酸酶的活性，因為黑色素細胞就靠它來合成黑色素。但擒賊應當先擒王，與其讓酪胺酸酶發作了再來收拾它，不如小心避開紫外線，同時好好安撫腦下腺，使酪胺酸酶無用武之地。目前沒有一種保養品敢打出這種訴求，因為沒有一種保養品能擦進腦子裡。但精油的芳香分子是可以直接影響神經系統的，表面看起來，這好像有點遠水救不了近火，綜觀全局便能領悟：護膚不能不護心啊！

美人密技 Beauty tips

精油種類：薔薇科薔薇屬精油（波斯玫瑰、土耳其玫瑰、白玫瑰、保加利亞玫瑰）

完美配方：上述精油各1滴，加入10ml玫瑰籽油，混合均勻。

經濟配方：白玫瑰精油4滴，加入10ml甜杏仁油，混合均勻。

日常保養：早晚潔膚後，用上述調油輕輕拍打全臉。

加強保養：【美白面膜】白芷粉＋白芨粉15ml（1大匙）＋上述調油25滴＋玫瑰純露12.5ml（2.5茶匙），敷臉10分鐘後洗去，每週兩次。

精油小傳　白玫瑰 Rosa alba

根據保加利亞的研究，白玫瑰的香氣成分很接近大馬士革玫瑰，計畫用它來充實萃油玫瑰的基因庫。它們香氣中最顯玫瑰本色的，如 β-大馬烯酮、β-大馬酮、和 β-紫羅蘭酮，都由類胡蘿蔔素氧化降解而來。類胡蘿蔔素又是維生素A原，能促進表皮細胞生長。而上述三種倍半萜酮，也以促進皮膚再生見長，所以白玫瑰與大馬士革玫瑰的美白效果自然不言可喻。我有學生愛美心切，拿玫瑰精油當精華液用，直接就點在斑點上，因為成果令人滿意而頗為心喜。但純的玫瑰精油對皮膚也有些許刺激性，

如果要長期保養，仍以調入植物油使用最理想。此外，同種精油長期使用會使人體對它反應疲乏，所以玫瑰雖好，還是不要獨沽一味。

白玫瑰宛如白色的大馬士革玫瑰，花心坦露，不像百葉玫瑰層層包覆。它的個頭更高，花叢更寬，結的花苞雖多，但含油量較少，所以價錢不免貴些。它含的玫瑰臘在各種玫瑰中比例最低，聞起來因此多了幾分通透。輕點兩滴在耳後，彷彿就能聽到白玫瑰淺吟低唱：「質本潔來還潔去，不教污淖陷溝渠」。

科學文獻

一、萃油用玫瑰類型研究：保加利亞玫瑰暨芳香藥用植物研究所的收集品種
＊本文記載大馬士革玫瑰、白玫瑰、百葉玫瑰、法國玫瑰的生長特性及精油成分比較
Kovatcheva, N., Nedkov, N., & Zheljazkov (Jeliazkov), V. D. (2005, November). Study on the oil-bearing rose collection at the Research Institute for Roses, Aromatic and Medicinal Plants in Bulgaria. *Soil and Water Management Interaction on Crop Yields*. Symposium conducted at the meeting of the ASA-CSSA-SSSA International Annual Meetings, Salt Lake City, UT.

二、大馬士革玫瑰萃取作為天然抗曬劑之實驗評估
Kamalinejad, M., Mortazavi, S. A., Tabrizi, H. (2003). An in vitro evaluation of various Rosa damascena flower extracts as a natural antisolar agent. *International Journal of Cosmetic Science, 25*(6), 259-265.

防曬
story

　都會女性不吃早餐就去上班的，比比皆是，但不擦防曬品就敢出門的，恐怕不太多。所以當我幾次帶團到普羅旺斯親炙地中海的陽光，團員看我完全不用市售的防曬乳，也不給孩子用，雖然嘴上笑稱老師特立獨行，心中多半不以為然，所以從來沒見人起意仿效。我們家的防曬工具就是一頂寬邊帽，再加上隨時塗抹普羅旺斯特產的薰衣草和聖約翰草油。事實證明，我們從來沒有曬傷過，就算二、三個月下來還是染上一點小麥色，回台灣一個月後也能回復原本的膚色。防曬雖然是美白的前置作業，但它們其實是兩個獨立的課題。防曬的原始目的是不讓皮膚因曬傷而疼痛，以免細胞受損老化，是必須留意的健康問題，不像美白是個各有所好的美觀問題。現在廠商的宣傳加上某些學者的支持，讓大家以為市售的防曬乳可以同時兼顧兩者，但愈來愈多的證據顯示並非如此。如果使用純天然的防曬品，我們就能安全地吸收陽光強大的療癒力，同時徜徉在一種無邊的幸福感裡。

溫老師教室 June's class

防曬觀念之深植人心，使大眾很難相信使用化學合成的防曬產品可能比曬太陽更危險。包括《美國公共健康期刊》、《預防醫學期刊》等專業期刊，早在九〇年代就發表了多篇科學研究，指出防曬產品並不能預防皮膚癌，事實上用得愈多的地區，皮膚癌的發生率愈高（如昆士蘭，該地區絕非地球上陽光最烈的地區）。加州大學的葛蘭博士甚至推斷，化學防曬品的增加，是造成皮膚癌的主因。

除了皮膚癌以外，許多科學家也認為，化學防曬產品該為多種其他形式的癌症與身體失能負責。首先，化學防曬品的成分具有強大的雌激素作用，屬於容易致癌的環境荷爾蒙。另一方面，這些防曬品阻止皮膚正常地吸收紫外線，讓人體缺乏維生素D，導致骨質疏鬆、乳癌、卵巢癌、憂鬱症等病變。2008年，由德國科學家所做的一項大型研究，在醫學期刊《癌腫瘤》上提供明確證據，說明陽光誘發的維生素D，會增加突變細胞的自我毀滅，並減少癌細胞的擴散。

同樣在2008年，《內科醫學檔案》刊登的研究指出，想維持良好的健康，白種人每天應曬20分鐘太陽，膚色較深的人則需要一個小時以上。真正要預防的是太長時間的曝曬，和高度酸性的食物，如油炸食品與糖，因為那類食物會讓眼睛與皮膚更懼怕太陽。而芳香療法的主張，也是要適度擁抱陽光。最重要的是，精油加上植物油的抗曬機轉，不在阻隔紫外線，而是抗氧化。把紫外線引起的自由基清除掉，皮膚當然就可以保持柔軟但強健的狀態。

美人密技 Beauty tips

精油種類：唇形科薰衣草屬精油（頭狀薰衣草、穗花薰衣草、甜醒目薰衣草、梅耶薰衣草、喀什米爾真正薰衣草）

完美配方：上述精油各2滴，加入7ml的鱷梨油與3ml的沙棘油，混合均勻。

經濟配方：真正薰衣草精油10滴，加入10ml的聖約翰草油，混合均勻。

日常保養：1.早晚洗完臉後用3滴調油輕拍全臉。2.曬前曬後都要用3滴拍臉，如果持續待在豔陽下，2小時要補充一次。也可以拿來擦身上任何部位。

加強保養：【曬後修復面膜】白芷粉＋白芨粉15ml（1大匙）＋上述調油25滴＋薰衣草純露12.5ml（2.5茶匙），敷臉10分鐘後洗去。

精油小傳　真正薰衣草　Lavandula angustifolia

現代芳香療法是由薰衣草揭開序幕的。創出「芳香療法」一詞的法國化學家蓋特福賽，曾因實驗爆炸受到灼傷，靠著身旁的一桶薰衣草精油倖免於難。這則真實故事也奠定了薰衣草在療傷與護膚方面的神話地位。一般大眾常將薰衣草和安眠劃上等號，也把薰衣草當作某種浪漫的符號。但是薰衣草屬共有39個原生種，它們又有各自的雜交種，再加上將近四百個栽培種，所以你看到、聞到與用到的，究竟是不是你想像的那一種，還真是個大問號。

平常所指的薰衣草，學名叫窄葉薰衣草，法語俗稱真正薰衣草或纖細薰衣草，野生狀態下十分纖柔嬌小，能撐起「數大便是美」那種場面的，不是它的雜交種就是它的栽培種。法國薰衣草在許多人心目中具有正統色彩，其實它們在東歐、澳洲也長得很好。近年來印度的喀什米爾薰衣草崛起，以薰衣草香氛的代表成分乙酸沉香酯來看，一般的法國薰衣草含35％，生長於高地的真正薰衣草含40％，而喀什米爾真正薰衣草則高達46％。所以不少行家開始移情喀什米爾真正薰衣草，覺得它們像早晨的露珠一樣清甜。

科學文獻

一、真正薰衣草精油對於動物活體皮膚因紫外線引起的活性氧之抑制效果：薰衣草精油用以保護紫外線誘發之真皮受損與抑制皮膚老化的可能性

Department of Analytical and Bioinorganic Chemistry, Kyoto Pharmaceutical University, Kyoto, Japan. *Dermatological suppressive effect of lavender oil against UVA-induced reactive oxygen species (ROS) in the skin of live animals: possibility of lavender oil for both protection of ultraviolet light-induced dermal injury and suppression of skin-aging.*

二、用細菌回復突變試驗檢測真正薰衣草精油的抗突變作用

Battinelli, L., Bolle, P., Daniele, C., Evandri, M. G., Mastrangelo, S., & Mazzanti, G., (2005). The antimutagenic activity of Lavandula angustifolia (lavender) essential oil in the bacterial reverse mutation assay. *Food and Chemical Toxicology, 43*(9),1381-1387.

油性　髮質
Story

一個面容清秀、舉止文雅的小姐，如果相親屢戰屢敗，當務之急是去迪化街拜霞海城隍廟，還是到一流的髮廊換新造型？這個問題發生在我學生的客人身上。學生是髮型設計師，碰到一個每個月都想變髮的公務員，學生覺得奇怪，一問之下才知道是小姐想「改運」，改她一直摃龜的桃花運。我這學生當然接觸過各種頭皮，她發現這位小姐每次來的時候，頭皮都散發出一股不太好聞的氣味，就建議她試試知名品牌的油性髮質專用洗髮精。但她表示自己換過好幾個牌子都不見改善，於是學生問我可以加哪些精油在洗髮精裡補強。據說這位客人一家都很拘謹，加上她在一個公家機關老衙門上班，常覺得綁手綁腳，也老是懷疑自己哪裡沒做好。我請學生讓這位小姐試試綜合百里香（好幾個品種調在一起），而且每次洗完頭髮一定要吹乾，然後給自己泡杯百里香花茶，聽聽輕快的音樂。效果如何呢？據說嘗試了兩個月以後，那位小姐不但髮質有所改善，而且自我感覺良好，開始和一位同事親密交往了！

溫老師教室 June's class

頭髮被稱為「三千煩惱絲」，每一個毛囊冒出的油點點，就像是腦中的一個個想法，每當工作焦慮、壓力大、腦中充斥著各式各樣的念頭時，情緒引發身體荷爾蒙的改變，就會影響皮脂腺的分泌。這樣的狀態下，頭皮會比平常油一些，氣味也重了一些。其實所謂的油性髮質，應該被稱作油性頭皮，因為真正出油的地方是頭皮，更準確地說，是頭皮的皮脂腺。所以處理油性髮質和處理油性膚質的原則基本上一樣，應該先去關注為什麼出油，而不是老想著去油。

皮脂腺以一束平滑肌和毛髮相連，而這個毛囊的周圍繞著神經末梢，壓力大的時候，自主神經會使腎上腺刺激皮脂腺。我們常說緊張地直冒汗，其實頭皮也同時緊張地直出油，只是增加的數量不是一時能察覺的。現在的量子醫學還能從頭髮偵測體內的磁場變化，進而判讀人體各個器官與組織的狀態。這種先進的科技，為牽一髮而動全身下了一個科學的註腳，也提醒我們，頭髮就是我們的個人史記，是了解自己的另一條途徑。

沒用過精油護髮的人，總覺得以油攻油太不可思議。其實它的原理就像卸妝油，根本不必擔心調油會讓頭皮或頭髮更油。植物油擅長溶解污垢，精油可以深入頭皮，兩者都不會在洗淨後停留於髮梢。頭皮將感覺比平日洗髮後更加輕盈，整個頭好像變成一朵雲。何況精油還能調整情緒，使緊繃的皮脂腺不再一觸即發，去油控油一舉兩得。最美妙的一件事就是，你再也不用擔心頭髮洩漏你的心情，或者說，你也比較不會感覺有什麼需要掩藏的了。

美人密技 Beauty tips

精油種類：脣形科百里香屬精油（龍腦百里香、檸檬百里香、熏陸香百里香、冬季百里香、牻牛兒醇百里香）

完美配方：上述精油各3滴，加入10ml的瓊崖海棠油，混合均勻。

經濟配方：檸檬百里香精油15滴，加入10ml的荷荷芭油，混合均勻。

日常保養：可以在每次洗髮時加入3滴調油於洗髮精中，仔細按摩頭皮，沖水後再用未加的洗髮精清洗一次。

加強保養：護髮時，用上述調油5ml塗抹整個頭皮，再用熱毛巾包覆全頭，也可以套上浴帽。過30分鐘後，用洗髮精洗淨，不必再用潤絲精。

精油小傳　檸檬百里香　Thymus vulgaris, CT limonene

通用百里香最為大家所熟悉的是以百里酚為主的化學類型（Chemo Type, CT），但它還有沉香醇、側柏醇、牻牛兒醇等多種CT。其中氣味最輕盈的檸檬百里香，所含的檸檬烯是藥學研究上的新寵，除了一般的抗菌作用，它的抗腫瘤潛力，以及對神經系統的影響，都引起極大的學術興趣與商業重視。百里香自古以來就是治百病的名藥，另外，歐洲人在烹調時，尤愛把它加進肉類菜餚以去油膩、防腐壞。而許多知名品牌的美髮系列，也不乏以百里香作為主打成分的洗髮精。因為頭皮本來就是全身上下皮脂腺作用最旺盛的部位，加入百里香自然是清新爽利的保證。

檸檬百里香的氣味就好像盛夏午後的一場及時雨，新意盎然，也給人一種危機就是轉機的信心。有些人常抱怨生活沉悶，搞得人頭臉都糊成一團，但他們若接受了檸檬百里香的洗禮，肯定會找到打開局面的勇氣。畢竟，沒有燒不開的水，只有打不開的爐火啊。

科學文獻

一、商業樣品中的百里香與馬鬱蘭精油之抗微生物作用

Baranauskiene, R., Sarkinas, A., Sipailiene, A., & Venskutonis, P. R. (2006). Antimicrobial activity of commercial samples of thyme and Marjoram oils. *Journal of Essential Oil Research, 18*(6), 698-703.

二、檸檬烯與紫蘇醇對胰臟癌與乳癌的抑制腫瘤效用
　　（檸檬烯是檸檬百里香中的主要成分）

Burke, Y. D., Crowell, P. L., & Siar Ayoubi, A. (1996). Antitumorigenic effects of limonene and perillyl alcohol against pancreatic and breast cancer. *Advances in Experimental Medicine and Biology, 401*, 131-136.

乾性　髮質
STOry

近年來流行用吹風機吹穴位，不少講究養生的人都奉行不渝。我問過幾個學生，基本上大家覺得效果不錯，唯一的副作用是頭髮變得毛燥乾澀。本來一般多吹手腳或腹部，但有個學生突發奇想，認為頭部穴位眾多，加上她習慣天天洗頭，於是吹成一頭稻草。我聽過另一類養生派也有這個問題。莊淑旂博士強烈主張月經期間若頭皮浸水、毛髮淋濕，都會使經血不暢，還有坐月子不得洗頭。難以完全遵行的折衷派，便在洗髮後猛用吹風機來討個心安。事實上，我沒看過幾個先天的乾性髮質，幾乎都是吹染整燙的後遺症。但這個問題不難應付，除了選用紅外線負離子護髮吹風機，精油護髮的效果稱得上是立竿見影。現在有許多洗髮精也標榜添加精油，如茶樹、薄荷，但那些選擇通常都比較適合油性髮質，滋養效果好的是穗甘松與瓊崖海棠油。接受建議的學生發現，用這個處方護髮以後，頭髮的亮度和柔軟度都獲得驚人的改善，終於可以不必損害秀髮來養生了。

溫老師教室 June's class

乾性髮質的主因是頭皮的皮脂腺分泌不足、頭皮血液循環不良，導致髮絲無法保濕。首先當然要慎選洗髮精，更重要的是補充體內和體表的油脂。在這方面，植物油的作用更勝精油，荷荷芭油、小麥胚芽油、甜杏仁油和瓊崖海棠油，效果令人滿意，比任何護髮霜都要出色。護髮時也可以搭配鬆筋棒之類的工具按摩頭皮，如此既不怕頭髮拉扯打結，又可以促進血行、激勵皮脂腺。

保護乾性髮質，還要破除一個普遍的迷思，那就是洗髮之後一定要潤絲。潤絲精的主要成分是矽靈，作用就像是幫頭髮打臘，帶來的滑順感只是假象。用量太多或抹到頭皮時，還會妨礙頭皮呼吸與皮脂的正常代謝。雙效合一的洗髮精就更不必考慮了，不但不可能兼顧清潔與滋養，反而是兩頭不到岸，雪上加霜。精油調成的護髮油則能夠真正調節皮脂，達到釜底「加」薪的效果。而且精油護髮主要護的是頭皮，這也是跟一般護髮霜的原理與用法大相逕庭之處。

指甲與毛髮本是保護者的角色，現在卻變成裝飾性的配件。過度裝飾如美髮美甲對它們造成的損傷，不但讓原有的保護功能大打折扣，連根本的美觀也丟失了，豈不是有點諷刺。我並不反對造型，但造型的用品與做法不能不講究。消費者還是要多多關心成分問題，廣告畫面再動人，小撇步再多，都不如正確紮實的成分有保障。養花的人都知道，澆水不能只澆在葉子上，養髮也是一樣的道理。

美人窒技 Beauty tips

精油種類：杜鵑花科＋敗醬草科精油（犛花杜鵑、芳香白珠、印度纈草、纈草、穗甘松、中國甘松、格陵蘭喇叭茶）

最佳選擇：上述精油各1滴，加入10ml瓊崖海棠油，混合均勻。

第二選擇：穗甘松5滴，加入10ml瓊崖海棠油，混合均勻。

日常保養：可以在每次洗髮時加入3滴調油於洗髮精中，仔細按摩頭皮，沖水後再用未加精油的洗髮精清洗一次。

加強保養：將調油塗抹在頭皮與髮尾，戴上浴帽停留30分鐘再洗去。剛開始保養可以3天進行一次，六次之後就可改為每週進行一次。

精油小傳　穗甘松　Nardostachys jatamansi

一位不丹的學者曾這樣對我形容穗甘松：對不丹人來說，不含穗甘松的藥，就稱不上是藥。據他說，不丹的傳統用藥裡，幾乎每樣都會加進穗甘松。其實不僅是不丹，對整個喜馬拉雅山區的人們來說，穗甘松就是神藥。印度傳統醫學阿輸吠陀也極為推崇穗甘松，舉凡與腦部相關的問題都一定會用到它。現代的科學研究已經證實，穗甘松是透過調節腦下腺來達成利腦的作用，處理癲癇、精神分裂、失眠、神經緊張等等。在芳療的臨床上，我們看過許多穗甘松成功改善睡眠品質的案例，特別是長期使用安眠藥的個案。這個根部類精油充滿大地氣息，讓「予小子其承厥志，底商之罪，告於皇天后土」的誠惶誠恐得以寬心。

由安神到護膚，穗甘松療癒蕁麻疹的案例也不少。我和學生到北印度進行芳香之旅時，還看到琳琅滿目的穗甘松養髮護髮產品。在海拔四千多公尺的山區，人們辛苦尋覓住在雲端裡的穗甘松，掘出長短粗細如手指的根部，撫慰塵世中的迷途羔羊。如果耶穌都能在穗甘松的香氣裡原諒猶大，我們又有什麼好過不去的？

科學文獻

一、穗甘松對大鼠之抗驚厥與神經毒性反應
＊實驗顯示，穗甘松能減緩癲癇發作並保護腦部。

Karanth, K. S., Rao, A., & Rao, V. S. (2005). Anticonvulsant and neurotoxicity profile of Nardostachys jatamansi in rats. *Journal of Ethnopharmacology, 102*(3), 351-356.

二、穗甘松和小對葉治療精神分裂的安全性與效用研究

Q.Mundewadi Ayurvedic Research & Charitable Trust, Stanley Medical Research Institute. (2007). *A Safety and Efficacy Study of Bacopa Monnieri and Nardostachys Jatamansi to Treat Schizophrenia.* (ClinicalTrials.gov Identifier: NCT00483964, National Institute of Health, U. S.)

那天，摘採了幾枝乳香、沒藥和香桃木，
隨興插在裝滿雪亞脂的陶瓶裡，
柔美而純厚的姿態，一如充滿母性的胸膛，
溫潤·滋養，讓人依戀……

陶瓷肌美人Advanced

進階・篇

黑眼圈
Story

從前，男生護膚主要是為了改善面皰、痘疤，現在，愛漂亮的男生把戰線拉長，所有女生關心的細節他們也不放過。我有個「花美男」級的個案，對「女人我最大」裡的各項產品比他女友還熟，認真護膚不遺餘力，唯獨搞不定他的黑眼圈。他第一次來找我，就憤憤不平地表示：「我最討厭別人笑我縱慾過度，根本就是沒知識！」然後他很清楚地分析，自己的黑眼圈來自於旗人血統，皮膚超白，再加上一點點家傳的過敏性鼻炎，還有常常要盯著電腦，熬夜做廣告設計。我於是和他開玩笑，那他一定知道，只有換血統、換基因和換工作，才能救他的黑眼圈。花美男不為所動，很熱切地回答說：「不會的，我女朋友上過老師的課，她說老師一定有辦法。」我完全不記得幾時曾妖言惑眾，讓學生產生這種幻想，但我碰過以訛傳訛的事情多了，總之還是讓他帶油回去。三個月後，花美男再度翩翩降臨，要續購「很有效的油」，同時告訴我，他現在改幫一家有機農場做行銷，搬到金山去了。我心想，有效的不全是精油吧！

溫老師教室 June's class

眼睛周圍是人體皮膚中最薄弱的部位，血流的顏色容易呈現在眼皮上，而平日不停歇的眨眼動作，也讓眼部肌膚特別容易產生皺紋，又因皺紋的陰影加重黑眼圈的顏色。黑眼圈可分為血管型與色素型。血管型是眼周血液循環不良所造成，除了和體質相關，多半因為熬夜、睡眠不足、過度疲勞，引起眼瞼皮膚的靜脈血流淤塞。由於眼睛附近的血液循環與鼻子相通，所以過敏性鼻炎、鼻竇炎等，也會使下眼眶循環變差，造成藍黑色陰影。

色素型為先天遺傳或後天色素沉澱所致。色素沉澱主要來自於不正確的卸妝、保養方式，慢性刺激皮膚造成色素生成，而過度曝曬、異位性皮膚炎、長期搓揉眼部，也容易產生局部色素沉澱。但歸根結柢，熬夜與休息不足，應該才是加重黑眼圈的禍首。熬夜幾乎是現代生活的常態。不管是為了工作還是為了玩樂，都顯示我們只服從腦袋，而拒絕聆聽身體的聲音。且這個腦袋是如此地沒有安全感，只有不斷靠活動來「充實」自己，不想也不敢放手。

用精油處理黑眼圈，不只促進局部血液循環，還能紓解鼻炎的症候。而它們在放鬆神經、調整神經傳導物質時，也能幫助我們領悟：生活還有別的可能性。我自己頗有一些趕稿的經驗，年輕時也是執拗地「撩落去」，可以寫得昏天暗地。現在就懂得在卡住的時候，先去泡個澡（當然要用精油），或者到花園裡修剪我的香草植物。退一步海闊天空，反而寫得更順手，當然黑眼圈也比從前淡多了。

美人窈技 Beauty tips

精油種類：橄欖科精油（沒藥、紅沒藥、墨西哥沉香、欖香脂、印度乳香、乳香）

完美配方：上述精油各1滴，加入10ml玫瑰籽油，混合均勻。

經濟配方：乳香精油6滴，加入10ml雪亞脂，混合均勻。

日常保養：早晚塗抹眼周一次。夜間可在睡前於眼部貼敷沾了乳香純露的化妝棉入睡。

加強保養：【明眸眼膜】白芷粉＋白芨粉4ml（1/4大匙）＋上述調油6滴＋乳香純露3ml（半茶匙），塗抹眼部四周，10分鐘後洗去。

精油小傳　乳香　Boswellia carterii

忍辱負重的樹脂，是橄欖科的財富，而歷久不衰的乳香，則是樹脂中的鑽石。和其他樹脂的低音相比，乳香聞起來輕盈高蹈，宛如置身仙境。中東地區的傳統，會在過年時沐浴於焚香，就是在盆中點燃乳香樹脂，讓自己跨過陣陣白煙，進入全新的格局。從古至今，人們一直使用乳香禳災祈福，它也確實在身心靈各個層面都有加持的能力。乳香酸能抗癌、治氣喘和強化免疫，精油中的羅勒烯與檸檬烯，可為鬆弛晦暗的眼周、頸部和陰道，帶來最好的回春效果。中醫習慣乳香、沒藥並用，根據《本草綱目》，那是因為乳香活血，沒藥散血，皆能「止痛消腫生肌」。流產以後用乳香恢復生機，一樣是仰賴它活血的作用。

有關乳香最有名的典故，便是東方三博士帶了乳香、沒藥和黃金給小耶穌慶生。這些貴重的禮物，象徵了生命中三種最高境界：沒藥為真，乳香為善，黃金為美。人可以藉著沒藥承受苦難，用乳香拯救苦難，而以象徵太陽的黃金轉化和超越苦難。在乳香渡人的香氣中，我們抓住浮木，於是生出信心與氣力繼續泅泳……

科學文獻

一、索科特拉島的三種乳香樹脂萃取精油之化學結構與生物活性
Awadh Ali, N. A., Axel, T., Jürgen, S., Ludger, W., Martina, W., Norbert, A., & Ulrike, L. (2008). Chemical Composition and Biological Activities of Essential Oils from the Oleogum Resins of three Endemic Soqotraen Boswellia Species. *Records of Natural Products, 2*(1), 6-12.

二、乳香精油的化學和免疫調節活性
Amer, M. M., Badria, F. A., Maatooq, G. T., & Mikhaeil, B. R. (2003). Chemistry and immunomodulatory activity of frankincense oil. *Zeitschrift für Naturforschung C, 58*(3-4), 230-238.

眼袋

Story

第一次領教精油護膚的「神威」，是在東京一所饒富盛名的芳療中心。那次度假，順便拜訪了多位日本芳療同修，有人隨口提到這個地方，我就興沖沖地帶隨行的母親一道前往。我試了她們的「正宗」芳療全身按摩，感覺很一般；但媽媽從臉部療程室出來時，真是讓人眼睛一亮，眼袋幾乎平了！自我從事芳療工作起，媽媽也就成為精油護膚的忠實擁護者，眼下她七十歲了，不時還會聽到別人問她是在哪裡拉皮。她年輕的時候，皮膚可多災多難，曾在如今全國知名的護膚專家那裡吃過虧，好好一張臉做到爛。現在能博得如此美譽，讓人不得不對精油刮目相看。過去流連專櫃與沙龍的二、三十年間，她梳妝台上的瓶瓶罐罐也是氾濫成災，所以剛開始用精油時，還是永遠都嫌少一瓶，會抱怨「怎麼沒有擦眼袋的？怎麼沒有擦眼角細紋的？」。如果告訴她XX油就可以用，她便質疑「那不是擦疹子的嗎？」後來她之所以能慢慢接受我的「全效」配方，當然是因為事實勝於雄辯：只要安全有效，誰在乎它原來是擦什麼的？

溫老師教室 June's class

2007年9月，藥檢局公布，化妝品如訴求可消除眼袋，就會以誇大不實、涉及療效受罰。這個規定，正好凸顯了護膚保養的兩大死角：黑眼圈與眼袋。主管機關判定，保養品或許能應付皮膚的機能問題，但萬萬不可妄想處理皮膚的結構問題。然而，很多結構的問題其實是機能問題累積而成的。就像滴水穿石，已穿之石固然不能回復原形，止住滴水難道不能減緩穿石？產品宣傳字眼確實該避免混淆，但消費者大可不必自絕生路，以為眼袋只有整形外科能幫忙。

大家都知道，隨著年齡增長，眼周皮膚和皮下肌肉層會愈來愈鬆弛，渙散的結締組織無法支撐脂肪，脂肪層下垂，就造成眼袋。因此預防眼袋的前提，必然是抗老化，想辦法不讓皮膚鬆弛。

那已經鬆弛了怎麼辦？除非你要求立竿見影，馬上從四、五十歲變成二、三十歲，否則也就是靠保濕、營養、運動，讓它不要鬆得太突兀。即使用什麼稀罕成分或生化科技的「醫學美容產品」，如果沒有好作息和好心情加持，實際上也都是進兩步退三步而已。

講到頭來，激進的愛美人士可能還是覺得整形算了。這讓我想起影星陳冲接受採訪時的一段話。她以青春玉女起家，四十歲以後演而優則導，記者拍她馬屁，問她何不扮演劇中主角的少女時期，她回說：「那我這幾十年豈不白活啦！」想讓自己好看一點絕對正常，但想讓自己永遠定格在十七、八歲，實在也太否定自我了。我母親持之以恆地用油，眼袋控制得挺好，幸好她沒有進一步把自己變成小姑娘一樣，不然我這開始有點「鬆」的女兒真不知如何自處呢。

美人密技 Beauty tips

精油種類：大麻科、莎草科、毛茛科、藤黃科精油（蛇麻草、大麻、莎草、黑種草、聖約翰草）

完美配方：上述精油各1滴，加入10ml雷公根浸泡油，混合均勻。

經濟配方：蛇麻草精油4滴，加入10ml雪亞脂，混合均勻。

日常保養：早晚洗臉後用1滴上述精油輕輕抹勻眼周。睡前還可在眼皮上貼敷金縷梅純露和岩玫瑰純露。

加強保養：【消腫眼膜】白芷粉＋白芨粉4ml（1/4大匙）＋上述調油6滴＋岩玫瑰純露3ml（半茶匙），塗抹眼部四周，10分鐘後洗去，之後再塗抹1滴調油滋養眼周，每週一次。

精油小傳　蛇麻草　Humulus lupulus L.

蛇麻草又稱啤酒花，自從1079年德國人在釀造啤酒時加入這種植物的雌性球穗花以後，它就躋身對人類最有影響力的植物行列。因為大量的栽種採收經驗，使人們觀察到蛇麻草其他的生理作用，例如收成季節時，生活在周邊的人經常感到困倦，而採摘的女工又有經期改變的現象，所以歐洲藥草傳統很早就懂得用它來助眠和調經。而現代科學研究不但支持了這些民間智慧，更進一步發掘蛇麻草許多重大的醫療潛力，比如抑制腫瘤、抗病毒、抗老化等等。不過，蛇麻草的化學組成極豐富，能抗癌的黃腐醇，和效力超強的植物雌激素δ-異戊二烯基柚皮素，都是黃酮類化合物，並不在精油中。精油成分主要是作用於神經系統以鎮靜安撫。

蛇麻草精油的結構也很複雜，可分析出三百多種化合物，其中的關鍵成分是α-葎草烯，對於浮腫的皮膚、眼袋、濕疹、粉刺、癤子，都有消退的功能。而觀賞開花的蛇麻草垂吊在蔓生攀爬的藤枝上，也和盛夏的冰啤酒一樣沁人心脾。你彷彿能聽到它在耳邊輕聲細語：千金散盡還復來，人生得意須盡歡哪！

科學文獻

一、蛇麻草的藥物動力學與藥理學研究概述

Zanoli, P., & Zavatti, M. (2008). Pharmacognostic and pharmacological profile of Humulus lupulus L. *Journal of Ethnopharmacology, 116*(3), 383-396.

二、蛇麻草栽培種的精油與萃取物之抗微生物活性檢驗

Chandra, A., Langezaal, C. R., & Scheffer, J. J. C. (1992). Antimicrobial screening of essential oils and extracts of some Humulus lupulus L. cultivars. *Pharmaceutisch weekblad. Scientific edition, 14*(6), 353-356.

魚尾紋、法令紋
Story

美貌與職位若是不能兩全，你會選擇哪一樣？有個客人在度假酒店工作多年，好不容易等到升遷的機會，因為對手長了一張好人緣的臉，她決定打玻尿酸去除法令紋，讓自己更討喜。人事異動發布之後，她來做療程時萬分沮喪，說上司認為她以前看起來比較穩重，現在這樣反而不適合帶組裡的老人。我們傾向於相信外「貌」協會的力量，卻沒去深究，什麼樣的外貌有什麼樣的力量。另一個適得其反的例子是魚尾紋。有個朋友的先生風趣而倜儻，朋友於是充滿危機意識，努力保持自己在結婚沙龍照中的倩影。有一段時間她心情灰惡，似乎是因為先生跟她漸行漸遠。夫妻倆共同的好友跑去關心，先生說其實沒事，只是每天回家都看不到太太的笑臉，久了不免令人意興闌珊。太太聽到好友轉述，眼淚奪眶而出，委屈地辯白：「我是怕長魚尾紋啊！」護膚能達到的最大成效，是明亮潤澤，真要不計一切代價，來追求超過這個限度的目標，結果可不一定是你想要的。

溫老師教室　June's class

暢銷書《美麗聖經》的作者寶拉，在2010年的新書發表會上，再次戳破保養品界的三大泡泡：1.眼霜、頸霜、面霜的成分都一樣，沒證據顯示眼周需要不同的產品；2.沒有產品可以真正除皺；3.濕巾面膜只能保濕不能除皺。砲火主要對準「除皺」，讓熟女們傷透了心。消費者最大的失落可能不在於被廠商「騙錢」，而是遺憾與疑惑：「難道只能找整形醫師還我青春？」其實，這裡頭真正的問題是，我們究竟想青春到何種程度？

換句話說，保養品能不能除皺，就看你要除到哪個地步。以目前的科技水平，新成分如藍銅胜肽，已經不新的成分如果酸，還有亙古長存的精油，都能合理改善魚尾紋和法令紋。假如非要訂下一個「合理」的標準，恐怕是不太容易。但若說擦了這些產品，仍喚不回小學六年級的那張臉，這樣就叫無效，我相信一般人也不會同意的。還有很重要的一點是，除皺也需要時間。以精油為例，淡化四十五歲的紋路最少要半年，隔夜或隔週就除皺的保養品確實不存在。

沒有人會期待跑了十萬公里的汽車，車況仍和剛出廠時一般；就算做了全車的鈑金烤漆，也不可能以新車的價格出售。因為開懷大笑而眯眼，或因為深思熟慮而抿嘴，都是個性的自然展現。一些雜誌建議大家臉部不宜有太多表情，只怕魚尾紋和法令紋還沒消除，我們先變成呆板無趣之人。精油在除皺方面的另一個優勢是，可以同步進行心理除皺。它安撫神經的作用，會隨著皮膚滲入血液，讓我們微笑面對老之將至的人生新境界。

美人密技　Beauty tips

精油種類：松科精油（石松、旗桿松、矮松、黑松、濱海松、傑克松、北美黃松、紅松、科西嘉黑松、白松）

完美配方：上述精油各1滴，加入20ml的雷公根浸泡油，混合均勻。

經濟配方：濱海松精油5滴，加入10ml的小麥胚芽油，混合均勻。

日常保養：早晚清潔臉部後，用護膚油輕抹皺紋部位。

加強保養：【除皺眼膜】白芷粉＋白芨粉5ml（1/3大匙）＋上述調油8滴＋歐洲赤松純露4ml（1茶匙），敷臉10分鐘後洗去，每週一次。

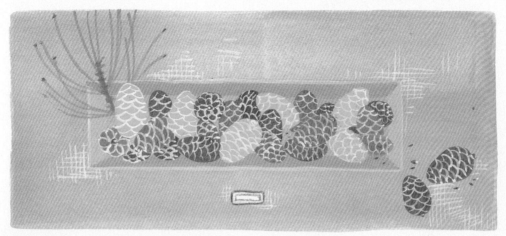

精油小傳　濱海松　Pinus pinaster

法國西南有一個世界上最大的人造林，裡頭種有排山倒海的濱海松。顧名思義，濱海松特別喜歡近海的低地，它長得個頭不大，但神采飛揚，讓地中海西岸的海景看起來充滿活力。松科植物一般富於變種，濱海松卻是走到哪裡都容顏不改。在它的樹皮裡，人們發現一些比葡萄籽更能抗自由基的生物類黃酮和有機酸，經實驗確定了傳說中的各種好處後，便拿它們申請專利，命名Pycnogenol®，捧為回春聖品，各大化妝品牌也趨之若鶩地將它加入抗老產品中。從針葉萃取的精油雖然不含Pycnogenol®，同樣能減緩地心引力對皮膚造成的影響。一般人不會把針葉樹跟人比花嬌聯想在一起，但俊俏一如海灘男孩的濱海松，能為鬆散的身心注入一股青春氣息，而青春本身就是一種無與倫比的美。

兩種代表性單萜烯，α松油萜和β松油萜，在南歐產的濱海松精油中最高可達70％。到了摩洛哥，濱海松精油卻是以倍半萜烯為主（60％）。單萜烯使你生氣蓬勃，倍半萜烯則讓人平衡穩定，購買精油因此不能不講究產地。其實所有「農產品」都有地域性的分別，所以味道不同的濱海松，不一定是品質有問題，可能只是生物多樣性的展演而已。

科學文獻

一、富含雙萜烯的科西嘉產濱海松精油
Bighelli, A., Casanova, J., Ottavioli, J. (2008). Diterpene-rich needle oil of Pinus pinaster Ait. from Corsica. *Flavour and Fragrance Journal, 23*(2), 121–125.

二、松樹精油與其主要成分於抗腐食酪蟎（一種積穀害蟎）的殺蟎活性研究
＊實驗證實，有效的四種松科精油包括濱海松精油。
Ceccarini, L., Cioni, P. L., Flamini, G., Franceschi, A., Macchioni, F., Macchioni, G., Morelli, I., & Perrucci, S. (2002). Acaricidal activity of pine essential oils and their main components against Tyrophagus putrescentiae, a stored food mite. *Journal of Agricultural and Food Chemistry, 50*(16), 4586-4588.

頸部　護理
STory

有一回，一名肯園的芳療師提問，為什麼老師妳的脖子都沒有皺褶。我一時不曉得要如何回答，只能隔靴搔癢地表示，自己並沒有特別的頸部護理處方，平日擦在脖子的精油和擦臉的沒有兩樣。過了一段時間，這位學工程出身的芳療師，興奮地跑來報告，經過多方研究，答案已經呼之欲出：「因為妳講話的時候都習慣仰著頭。」我臉上當場出現三條線。德國的芳療專家茹絲‧馮‧布朗史萬格在法國為我們上課時曾提到，脖子上光溜溜的人，心中比較沒什麼百轉千迴的思緒，而脖子上見得著年輪的，牽腸掛肚的事情就比較多。當時她還拿我的脖子作範例，言猶在耳，現在我也加入了火雞黨。這些紋路是跟著我們家兩個小朋友來的，做了媽媽以後就再也不能「萬事不關心」了。但每六對夫妻就有一對苦苦做人而不可得，付出這麼一點代價實在不配抱怨，只能乖乖找些花朵類精油，滋補被生活打敗的皮膚。而這些精油天堂一般的氣味，也能提醒人們：延續生命是最大的喜樂，應該感恩。

溫老師教室 June's class

頸部是最容易洩露女性真正年齡的部位，即便是亮麗動人的女星，光滑的臉龐下，也常會發現頸部肌膚的橫紋。由於此處皮膚的皮脂與汗腺分泌比臉部來得少，更容易因乾燥而產生皺紋。缺乏滋養，加上紫外線的傷害，是頸部肌膚受損的基本盤。長期處於緊張狀態，無數次抬頭、低頭的動作，或睡覺用的枕頭過高，都可以讓頸部因擠壓而出現皺褶。長期下來，皮膚較薄的頸部就出現明顯的紋路，難以消除。

頸部連結指揮者──頭部與執行者──身體，負責流通坐而言和起而行的能量，想法才有機會化為實際的行動。我們所吃的食物、所呼吸的空氣，都要通過頸部到達軀幹，所以頸部象徵的是吞吐世界的交流道。頸部包覆的喉嚨也是我們向世界發聲的管道，使心中的感受能被傳達出來。碰到不願接受的事實，或壓抑情緒、勉強自己吞下想說的話時，喉嚨就很容易感覺卡卡的。這種壓力也會呈現在喉嚨外頭的頸部皮膚上。

頸部的形貌與樣態，暗示著一個人面對世界的方式。所謂「引領企盼」，描述的就是一個脖子老往前伸的人，對生命充滿好奇，肯定不會坐以待斃。客家話裡的「硬頸」，原指一意孤行、頑固不知變通。而習慣把頭壓低，使脖子擠出好幾條摺痕的人，無須分析也可以想見其鬱鬱寡歡，或是畏首畏尾。相反的，把頭抬高，可能是睥睨臭屁如趙建銘，也可能是信心十足、目光遠大。精油無法扭轉一個人的性格，但能提高我們的自知之明，於是也擴大了調整的空間。

美人密技 Beauty tips

精油種類：木蘭科、夾竹桃科、蓮科（白玉蘭花、白玉蘭葉、紅花緬梔、粉紅蓮花、黃玉蘭）
完美配方：上述精油各1滴，加入10ml玫瑰籽油，混合均勻。
經濟配方：白玉蘭花原精4滴，加入10ml甜杏仁油，混合均勻。
日常保養：早晚以兩滴塗抹頸部。
加強保養：白芷粉＋白芨粉10ml（2/3大匙）＋上述調油20滴＋岩玫瑰純露10ml（2茶匙），塗抹頸部後用熱毛巾圍住脖子，待10分鐘後洗去。

精油小傳　白玉蘭花　Michelia alba

木蘭科含笑屬有許多又大又美的樹種，最常見的就是玉蘭花了。我教學生用玉蘭的鮮花做成酊劑，加溫水服用，大家都對它止咳清肺的效果感到十分驚異。玉蘭花的精油則能安撫脆弱易癢的膚質，恢復疲憊肌膚的彈性。此外，白玉蘭樹幹所含的生物鹼已被證實能抗子宮頸癌，玉蘭葉精油則有出色的抗菌力。事實上，不少南國的庭園香木，如紅花緬梔等等，都像白玉蘭一樣，既有玉樹臨風的儀表，又有樹幹抗癌、葉片抗菌、花朵抗憂鬱的一身武藝。耐人尋味的是，它們濃烈的香氣裡卻透著一股空

無。就像利瑪竇之輩的耶穌會教士，無論如何博學多能，立下多大的事功，始終是身無長物，從不以個人為念。

有一回，我挺著七個月的肚子在大雨中出差，不禁有半生徒勞之感。走著走著，突然讓一陣香氣扶起頭來，發現了一棵玉蘭樹。高高的枝頭上，還剩幾瓣搖搖欲墜的殘花，好不容易敞開的花苞，即使無人聞問，還是不改其香。我注視了很久，離開這棵人不知而不慍的白玉蘭時，腳步也輕盈了起來。

科學文獻

一、泰國芳香植物精油與原精之抗氧化作用

＊白玉蘭原精在諸多南洋花卉的原精中抗氧化力排第二，勝過白花緬梔、依蘭、梔子花等，研究認為有發展為抗老產品之潛力。

Chaiyasut, C., Chansakaow, S., Leelapornpisid, P., & Wongwattananukul, N. (2008). Antioxidant Activity of Some Volatile Oils and Absolutes from Thai. Aromatic Plants. In Chantrasmi, V., & Chomchalow, N. (Eds.), *ISHS Acta Horticulturae 786: International Workshop on Medicinal and Aromatic Plants.*

二、白玉蘭、被苞仙丹花和迦那鹿藿花朵萃取的消炎與退燒效用

Alam, M., Joy, S., Nagarajan, S., Susan, T., & Vimala, R., (1997). Antiinflammatory and antipyretic activity of Michelia champaca Linn., (white variety), Ixora brachiata Roxb. and Rhynchosia cana (Willd.) D.C. flower extract. *Indian Journal of Experimental Biology, 35*(12), 1310-1314.

收 毛孔
STORY

有些人崇尚天然，不但不化妝，連保養品都不太擦，營養均衡，作息正常，這樣皮膚還出狀況，真是很挑戰他們的信念。一個學生就是這樣的「有機」熱衷人士，和先生放棄電子業的高薪，在石碇山區買了一片茶園做自耕農。前幾年去拜訪她的同學都豔羨不已，後來好一陣子沒消息，有次在台北東區的街頭不期而遇，從前細緻的臉龐現在看起來像剛蒸完臉，毛孔清晰可見。學生力邀我去喝花茶，盡情傾訴這些日子以來的波折。他們的茶園還在，現在請了理念相同的朋友照顧，因為先生後來又覺得山中無甲子，和塵世脫節，所以回到台北加入一個環保組織。可是學生不能忘情田園生活，也不希望兩人因聚少離多而感情生變，只好兩邊來來去去，心裡一直處在拉扯狀態。這名學生雖然上過全套基礎課程，但她坦承用油不多，因為「精油當然也是很天然啦，可是如果我吃得健康，早睡早起，也常常活動筋骨，應該不需要特別護理，對吧？」那個場合不適合辯論，我只能簡單建議，苦橙葉對三心兩意和毛孔粗大都有幫助，不妨一試。

溫老師教室 June's class

看起來像水煮蛋的臉，毛孔直徑只有20微米；看起來像橘子皮的臉，毛孔直徑可達200微米；而看起來像芝麻燒餅的臉，毛孔直徑暴增為400微米。要從400降到200，可以依靠人力完成，但若想從200掉到20，還得仰賴神意眷顧。目標必須明確，作戰才有效率可言，所以所謂的收毛孔，主要工作就是清毛孔，盡量掃除與避免堆積可能撐大毛孔的東西。雖然這跟「縮小毛孔」有很大的差距，但毛孔乾淨自有一種光潔之美，聰明人還是別鑽那個尺寸的牛角尖。

會堵住毛孔的東西，精油通通都清得掉，那些路障包括過多的皮脂、角化的角質，以及化妝品、防曬乳、空氣的髒污等等。這些許多人大概也都知道，但種類及用量過多的保養品，往往就被大家忽略了。不管選用的保養品多高檔

或多精純，只要你像粉刷牆壁一樣層層塗抹，都有塞爆毛孔的危險。至於清乾淨以後要不要冰敷，要不要拍打，要明白這些技巧固然不無小補，但不可能扭轉乾坤，所以你高興就好。

毛孔擴張的人裡面，急驚風多於慢郎中。自律神經長期與壓力或情緒抗衡，交感神經被過度啟動，猶如熱鍋上的螞蟻，皮膚也會因為水分不足而激發皮脂過度分泌，逐漸堵塞毛囊。要將撐大的毛孔收攏起來，除了直接從皮膚保養下手，還要收斂焦躁的情緒，平衡自律神經，才是根本解決之道。毛孔也是皮膚呼吸的孔道，當我們被某個情境逼得透不過氣，或悶得要窒息時，身心一體的機轉，也會促使毛孔來幫你爭取寬闊一點的空間。

美人密技 Beauty tips

精油種類：芸香科柑橘屬花葉精油（橘葉、苦橙葉、佛手柑葉、泰國青檸葉、橙花、檸檬葉）

完美配方：上述精油各2滴，加入10ml冷壓葡萄籽油，混和均勻。

經濟配方：苦橙葉精油8滴，加入10ml荷荷芭油，混合均勻。

日常保養：1.洗臉時用1滴按摩油加入洗面乳按摩全臉，清水沖掉後再用少量洗面乳重洗一次。2.潔膚後，用3滴按摩油輕拍全臉。過10分鐘再噴少量橙花純露。橙花純露可隨時噴臉。

加強保養：【強化面膜】白芷粉＋白芨粉15ml（1大匙）＋上述調油25滴＋橙花純露12.5ml（2.5茶匙），敷臉10分鐘後洗去，每週一次。

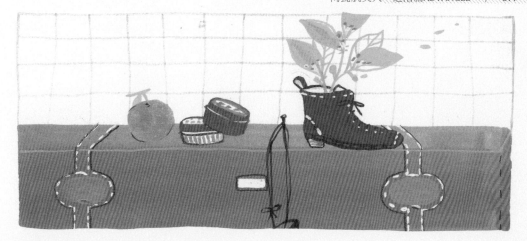

精油小傳　苦橙葉　Citrus aurantium bigarade, leaf oil

苦橙或稱酸橙，是一種從頭到腳都可以萃油的喬木。中藥材裡的枳實，就是苦橙未熟的果實。過去的苦橙葉精油有時也會加入落果蒸餾，但今天我們買到的苦橙葉清一色都由葉片萃出。苦橙就像其他柑橘一樣，有不少長相互異的栽培種，拿來蒸餾精油的那一種長有單身複葉，像一把倒過來的大提琴，十分可愛。南美與北非的產量雖大，氣味最細緻的目前還是來自於義大利，義大利是多數柑橘果葉精油的頂極產地。在我的臨床經驗中，苦橙葉用來處理慘綠少年的不穩定肌膚最有幫助，尤其它的味道比較中性，怕被嫌「娘」的男孩也能坦然接受。

中國的房地產大亨王石，在汶川地震捐款的發言事件引發騷動，後來向社會道歉：「我雖然快60歲了，但對於大事情的處理，還是顯得很青澀。」這段話可說是充滿了苦橙葉的氣息。苦橙葉自己的氣味也有點青澀，青澀之美，就在於不迂腐，不頹廢。即使跟這個世界產生磨擦，甚至摔個四腳朝天，還是要拍拍塵土站起來，還是不放棄成長。

科學文獻

一、義大利苦橙葉精油的特色
Bartle, K. D., Basile, A., Cotroneo, A., Dugo, G., Mondello, L., Previti, P., & Stagno D'alcontres, I. (1996). Characterization of Italian Citrus Petitgrain oils. *Perfumer & Flavorist, 21*(3), 17-28.

二、苦橙葉：巴拉圭的精油
Gade, D. W. (1979). Petitgrain from citrus aurantium: Essential oil of Paraguay. *Economic Botany, 33*(1), 63-71.

瘦臉
STory

上芳療課的絕大多數是女生，下課時間如果晚一點，就有機會看到一些「忠犬小八」來等門。其中一位美貌非常的學生，她五大三粗的先生幾乎每堂報到，她在作業裡也不時提到，先生多麼支持她上芳療課，多麼愛當她的小白鼠，和很多對精油避之惟恐不及的丈夫大異其趣。美女同學用油有個死穴，她只信任玫瑰茉莉等昂貴精油來維持嬌媚，可是玫瑰茉莉始終變不出一張巴掌臉來，想整形又怕有後遺症，遲遲裹足不前。快結業時，她請我無論如何給個瘦臉處方，我一向對這種問題不是太積極，但還是給了一個請勿期望太高的處方。一年後，這個學生又來上別的課，臉蛋明顯小了一號，碰到一些老同學詢問，總不忘大力吹捧老師的處方。耐人尋味的是，下課後沒再見過她家的「小八」。學生之間傳八卦，說她已經離婚，原本便是負氣才嫁給那個先生，為了杜悠悠之口，常要高調曬恩愛。沒想到先生突然生意失敗，落跑到對岸，她也就不必再打腫臉充胖子了。

溫老師教室　June's class

除了骨架不能改變，必須用造型修飾，嬰兒肥與鬆弛仍可靠後天努力來達到某種程度的「瘦臉」效果。嬰兒肥是因為脂肪或水腫造成臉部圓潤，看起來像嬰兒般泡泡的。若是脂肪太多所造成，就必須同時減脂；而水腫的困擾可以靠淋巴按摩排除多餘水分，還要避免過鹹的食品，保持充足的睡眠與運動。抗鬆弛的用油跟除皺重疊，差別在於按摩手法，抗鬆弛重而除皺輕。但無論如何努力，真正的收穫應該是緊實，而不是變臉。

幾乎沒有瘦臉產品不搭配手法的，而那些手法又多以重力取勝。對身體任何部位肌肉來說，運動的影響，都是適度則緊實，過度則粗壯，所以重力按摩也不能施做得太頻繁。精油瘦臉最見效果的還是水腫型，其次是鬆弛型和脂肪型，因應不同類型在用油上多少也要調整，水腫型用絲柏、杜松，鬆弛型可以加上天竺葵和岩玫瑰，脂肪型則須再加上迷迭香與鼠尾草。手法可以比一般的瘦臉手法輕，因為精油能很輕易地滲入血液循環，不必雙手強迫。

隨著電視機、照相機的誕生，美女們又多了一項競賽，就是看著螢幕中的臉比大小，因為攝影器材會使臉部看起來稍微擴張一些，所以檢視與修飾自己的臉部尺寸，就成了某些人重要的美容方向。臉部大小是經由比較而來的，如果沒跟較小的臉核對過，也不會覺得自己臉大、需要瘦一點。我們為什麼要拿別人的小臉來氣自己呢？美，其實是一種適當的比例，是均勻，在決定瘦臉之前，何不先花點時間了解自己真實的輪廓？

美人密技　Beauty tips

精油種類：柏科精油（日本杉、刺檜、維吉尼亞雪松、德州雪松、杜松、絲柏）

完美配方：上述精油各1滴，加入10ml的椰子油，混合均勻。

經濟配方：杜松精油6滴，加入10ml的荷荷芭油，混合均勻。

日常保養：早晚潔膚後用護膚油輕輕按摩臉部2分鐘，然後以冰過的杜松純露沾濕面膜紙，貼敷在臉上1分鐘。取下後再用雙手向上拍打臉部100下。

加強保養：【瘦臉面膜】白芷粉＋白芨粉15ml（1大匙）＋上述調油25滴＋杜松純露12.5ml（2.5茶匙），敷臉10分鐘後洗去，每週一次。

精油小傳　杜松　Juniperus communis

杜松和絲柏在芳療裡常常是焦孟不離地用於排毒、瘦身、消水腫，但這兩種柏科植物其實性格差距頗大。絲柏高瘦溫和，杜松短小精悍，而且杜松設籍刺柏屬，若想採它甜美的漿果，常要付出被針扎的代價。但穿梭在普羅旺斯的林間，如果不能口袋裝滿杜松漿果邊走邊吃，那種南歐的田園詩意也就要大打折扣。從漿果萃取出的精油，明顯比針葉蒸餾的來得俏皮輕鬆，對於終年勞動、艱苦備嘗的膝蓋，以及油膩或腫脹的臉部，有更好的身體療效與心理作用。許多書籍都會警告你，多用杜松可能傷害腎臟，但那是嚼食新鮮漿果的潛在威脅，精油並不會產生這個問題。當然，使用時仍然該節制用量，欲速則不達是放諸四海皆準的真理。

普羅旺斯地區最高陡的馮都山，是環法自行車大賽的鬼門關，對心臟和膝蓋都是難以承受的考驗。到了2000公尺的山頂，已是石礫遍地，除了一些小草野花，比較「像樣」的植物就只剩杜松了。即使它也難耐強勁山風，個個放低身段變成高地杜松，但若看過它負隅頑抗的身影，自然不會懷疑，它能讓人像自行車賽選手一樣緊實。

科學文獻

一、杜松漿果萃取物在試管內的抗氧化活性研究

Aboul□Enein, H.,Beydemir, Ş., Elmastaş, M., Gülçin, I., Irfan Küfrevioğlu, Ö. (2006). A Study on the In Vitro Antioxidant Activity of Juniper (Juniperus communis L.) Fruit Extracts. *Analytical Letters, 39*(1), 47-65.

二、杜松精油對酒精發酵的抑制作用研究

Lazić, M. L., Rutić, D. J., Stanković, M. Z., & Veljković, V. B. (1990). Further studies on inhibitory effects of juniper berry oils on ethanol fermentation. *Enzyme and Microbial Technology, 12*(9), 706-709.

臉色　蒼白
STory

我的白種人先生，對黃種人於美白的執迷十分不解。在他眼中，台北的小姐看起來都太蒼白、太瘦弱了。確實，十多年來我也沒處理過幾個嫌自己太白的案例。要真是覺得自己慘白，大概會先看中醫調身體，而不會為了審美的理由擔心。其實十八世紀的法國貴族也愛把一張臉抹得死白，魏晉名士更是「動靜粉帛不去手」，沒事就補妝，說明對皎潔膚色的偏好，來自於一種階級意識。白色象徵高貴，有別於在太陽底下辛苦勞動的形象。除非是嚮往109辣妹的風格，會想「矯正」雪白的膚色往往就是為了擺脫那種階級特徵。我碰過屈指可數的蒼白個案中，有一個便是在報導宋江陣時動的念頭。這女孩認為，她的「小資」膚色不利於採訪那些農家子弟，但也不打算把自己搞得太鄉土，我於是建議她試試非常草根的禾本科精油。那些油一方面促進紅血球生成，一方面激勵局部的血液循環，足以讓皮膚顯得血氣充沛。實習記者的任務最後圓滿達成，看起來不再養尊處優，報導也寫得生猛有力。

溫老師教室 June's class

傳統中醫在臨床上會透過臉部色澤看診，青、紅、赤、白、黑，五種顏色分別對應五臟。白色是肺經的本色，主氣和血液的運行，臉色蒼白多半是運行到臉部的氣血不足。許多營養不良、慢性疾病、血液問題、低血壓患者，都有臉色蒼白的現象。貧血必然造成臉部的血液循環不佳，種類包括：由於製造紅血球能力衰退所引發的再生不良性貧血，以及紅血球遭受破壞的溶血性貧血。若屬於缺乏營養型的貧血，補充鐵質、維他命B12便可獲得改善。

人在受驚嚇時，臉色瞬間刷白，這是因為精神受到刺激後，臉部微血管收縮及血液循環減慢的結果。臉色蒼白的人無時無刻不呈現出受驚的神色，彷彿對外在世界懷抱著恐懼。而國劇臉譜用白臉刻劃性格深藏不露的人物，對比於紅臉的忠肝義膽，在在暗示一白遮的不一定是三醜，也可能是血性與熱情。麥克傑克森醜聞似的白臉，不論是肇因於病症或是整形，都訴說著難以展現真實自我的悲哀。

血液從心臟出發巡行至身體各處，宛如將內心的感受與外界分享，最佳範例就是遇見心上人時的臉紅心跳。然而，當我們對世界充滿無力感，心臟便不再將承載「愛的能量」的血液傳送到臉上，看起來也老是病懨懨。如果臉色蒼白的原因為貧血，那就意味著缺乏生命動能，愛的能量不足以滋養自己。下次在補充營養食品時，不妨也思考一下自己需要什麼精神糧食，該採取什麼行動，才能讓自己重新綻放。

美人密技 Beauty tips

精油種類：禾本科精油（玫瑰草、檸檬香茅、爪哇香茅、錫蘭香茅、岩蘭草）
完美配方：上述精油各1滴，加入2ml沙棘油和13ml金盞菊浸泡油，混合均勻。
經濟配方：玫瑰草精油3滴，加入10ml小麥胚芽油，混合均勻。
日常保養：早晚清潔臉部後取3滴調油輕輕塗抹全臉。
加強保養：【紅潤面膜】白芷粉＋白芨粉15ml（1大匙）＋上述調油20滴＋岩蘭草純露12.5ml（2.5茶匙），敷臉10分鐘後洗去，每週一次。

精油小傳　玫瑰草　Cymbopogan martini

禾本科香茅屬的藥草有兩個共通性：解決熱帶生活的不便，魚目混珠於昂貴香氣之列。比如檸檬香茅常被拿來混攪香蜂草，而玫瑰草當然就是用以摹仿玫瑰了。玫瑰草含有80％左右的牻牛兒醇，這個成分是素描玫瑰時一定要打的草稿。但這麼說可能會讓人誤判玫瑰草的身價，因為在療癒上，牻牛兒醇可是有葉問的身手。玫瑰草的抗菌力僅次於肉桂、野馬鬱蘭和百里香，碰到身體從上到下的感染發炎，像是中耳炎、鼻竇炎、陰道炎、香港腳等等，都有辦法四兩撥千斤。它還可以重建皮膚表層的菌叢生態，讓皮膚局部充血，看起來格外健康紅潤。難能可貴的是，這麼好用的精油，價格卻非常平民化，真是英雄不怕出身低。

玫瑰草看起來不過就是荒煙漫草，揉了葉片以後，眼前卻會出現海市蜃樓，一個清涼開闊、氣氛輕鬆、達官貴人與販夫走卒同歡共樂的地方。如果必須面對官僚作風的傢伙，最好先用玫瑰草武裝自己，才不會被別人的裝腔作勢嚇倒。而對於嚮往生而平等的人們，玫瑰草永遠都是最忠實的盟友。

科學文獻

一、玫瑰草精油的消炎作用研究

Kirshnamoorthy, G., Kavimani, S., Loganathan, C. (1998). Antiinflammatory activity of the essential oil of Cymbopogon martinii. *Indian Journal of Pharmaceutical Sciences, 60*(2), 114-116.

二、玫瑰草精油的驅蚊作用研究

Ansari, M. A., Razdan, R. K. (1994). Repellent action of Cymbopogan martinii Stapf var. sofia oil against mosquitoes. *Indian Journal of Malariology, 31*(3), 95-102.

增長　眉毛與睫毛

Story

民間有個說法，認為眉毛稀疏的人個性較弱，但在紋眉盛行的年代，千人一面，同樣看不出有什麼個性。有個學生在家排行老么，從小比較沒自信，習慣討好別人，後來嫁進一個大家族，為了保住自己長媳的地位，就把若有似無的眉毛紋得精神些。她致力於公關，家族裡的老老少少果然都被收服，眉毛似乎紋得頗有成效。但上了一段時間的芳療課之後，她竟然跑去洗眉，猛然一看像戴個日本能劇的面具。大家問她為什麼想不開，她說做人太累，都快要認不得自己了，所以洗眉明志，想找回一點本色。有錢太太課上了一半就人間蒸發，再出現時，已經成了移民加拿大的歸國華僑。老同學得知，她說服老公離開家族企業，兩人胼手胝足在異鄉打拼，活得很起勁。同學注意到她眉型比以前明顯，她很得意地報告，自己可沒有荒廢精油的功課，除了每天認真塗抹，在僑居地還帶了一個芳療的讀書會。而且，在她的感召之下，讀書會裡的好幾個太太也都回台灣洗眉，正在嘗試用精油養眉毛呢。

溫老師的教室 June's class

為了得到一雙深邃的雙眼和醒目的眉型，很多女性朋友必須在鏡子前面摸個老半天。若想靠紋眉一勞永逸，則得做好準備，年邁時眉形會隨著鬆弛的皮膚下垂。睫毛／眉毛專用的生長液，效果不見得比精油快速，由於眉毛與睫毛區域的毛囊生長期短而休止期長，所以促進生長需要耐心等候。不過，當眉毛與睫毛得到滋養時，就不容易斷裂或脫落，因此，給予適當的保養還是有助於維持其美觀。

有關眉毛的雜說很多，比如非處女則眉鬆散，或是眉毛糾結則感情不順，乍聽之下像是胡說八道，其實不過是中醫理論的不當延伸。《內經》有言：「美眉者，足太陽之脈，氣血多……瘦而無澤者，氣血俱不足。」而且眉毛是「腎之外候」，眉毛濃密，代表腎氣充沛；眉毛稀淡，則說明腎氣虛虧。中醫概念裡的腎氣，也主導性能量的高低，所以才被附會出上述的「神話」。但這也提醒我們，想要眉毛與睫毛長得好，不能不先補足氣血與腎水。

桃金孃科的植物都生長在陽氣十足的大地上，又喜歡親近水氣，特別符合眉毛與睫毛的能量需求。傳統上會用薑片直接塗抹，生毛效果也挺好，但對皮膚有刺激性，睫毛部位尤其受不了。把精油稀釋在植物油中，能兼顧刺激生長和潤澤毛髮的功能，氣味也比較活潑可人。眉毛和睫毛豐足，不只能使人顧盼生姿，還有畫龍點睛的效果，讓個性躍然「臉」上，攬鏡自照時，或許也能增強堅持自我的勇氣。

美人密技 Beauty tips

精油種類：桃金孃科精油（綠香桃木、香桃木、高地松紅梅、卡奴卡、檸檬細籽、檸檬香桃木）
完美配方：上述精油各1滴，加入20ml玫瑰籽油，混合均勻。
經濟配方：香桃木精油3滴，加入10ml鱷梨油，混合均勻。
日常保養：睡前用護膚油塗抹於眉毛，然後閉眼以手指輕輕抹過睫毛，再用事先預備好的香桃木純露化妝棉覆蓋於雙眼後入睡。

精油小傳　香桃木　Myrtus communis

在希臘神話裡，香桃木是愛與美之女神阿芙蘿黛蒂私藏美少年阿多尼斯之處。由此便可理解，在誕生香桃木的地中海型氣候區，人們是如何用欣羨的眼光看待它。而香桃木確實也擔得起這種讚美，當它開出「綻放於激情中」的一片花海，晶亮的葉片又散發著無怨無悔的香氣，再怎麼不屑浪漫的大腦袋，都會莫名其妙地軟化下來。它的精油以桉油醇為中心，配上乙酸香桃木酯，一方面掃除自由基、抗突變，由內抗老，再方面抗細菌和抗黴菌，由外防衰。特別是它濃密翹長的雄蕊，像極了南歐姑娘多情的睫毛，即使到了北國日耳曼地區，香桃木也都是青春少女的象徵。

臨床上，我們還發現香桃木的純露與精油對孩童呼吸道的問題格外有益。另外，有些壓抑著累積的怨怒、遇事懶得再反應的個案，用了香桃木以後，就覺得冒出了追求幸福的衝動。這世界有時太令人失望，香桃木給我們一種美的救贖，讓我們不被醜陋綁架。

科學文獻

一、香桃木萃取之抗遺傳毒性效應與清除自由基能力研究

Abdelwahed, A., Ben Ammar, R., Chekir-Ghedira, L., Ghedira, K., Haydera, N., Kilania, S., & Mahmoud, A. (2004). Anti-genotoxic and free-radical scavenging activities of extracts from (Tunisian) Myrtus communis. *Mutation Research / Genetic Toxicology and Environmental Mutagenesis, 564*(1), 89-95.

二、利用沙門菌基因突變試驗所做的香桃木抗突變研究

Abdelwaheda, A., Chekir-Ghedira, L., Ben Ammara, R., Bouhlela, I., Ghediraa, K., Hayder, N., Kilania, S., Mahmouda, A., Skandrania, I. (2008). Antimutagenic activity of Myrtus communis L. using the Salmonella microsome assay. *South African Journal of Botany, 74*(1), 121-125.

淡化　乳暈
STory

新人學按摩要過的第一關，就是要能心無罣礙地坦胸露乳。因為練手法時會兩兩配對互練，每個人都有機會被「看光光」。從這當中我發現大家比較在意的，不是乳房的形狀和大小，而是乳暈的色澤。有一次，我們請到德國來的自然療法醫師為大家示範一種新手法，當model的同學大方地當眾解衣，老師卻差點做不下去。原來，這位同學有備而來，用胸貼嚴密封住乳頭，讓看慣天體的歐洲老師當場傻眼。許多人會在婚前勤做SPA，淡化乳暈也是新娘的重點項目，不過往往事倍功半。因為淡化乳暈比淡斑還難，短時間的密集療程頂多能改變觸感。最有效的還是「時間」，過了更年期，荷爾蒙的刺激減少了，乳暈也就淡了。因此，乳暈色深應該是性感的指標才對，愈是生育力旺盛、性能量飽滿，乳暈的顏色愈深。淡化乳暈的企圖，可能夾雜著某種處女情結。但男人雖然是視覺的動物，他們同時也是觸覺的動物。與其拼命想辦法呈現毫無經驗、楚楚可憐的樣子，不如讓敏感的身體熱烈回應，更能帶給伴侶興奮，也帶給自己滿足。

溫老師教室　June's class

乳暈變大、色澤變深最顯著的例子是孕婦，哺乳期更會達到色素沉澱的巔峰。除了荷爾蒙變化與嬰兒吸吮所造成的刺激使然，另有一說法是為了便於視力發展還不完全的新生兒辨認。由於懷孕婦女體內動情素與黃體素分泌較以前旺盛，加上腦下垂體分泌激素，高度刺激黑色素增生，使得身上原本黑色素沉澱較多的部位顏色加重。過了哺乳期之後，乳暈的顏色會稍微褪去，但不能期望回復少女時代的樣貌。

坊間的乳暈霜成分包含果酸、A酸、熊果素、左旋C、傳明酸……等等有美白換膚效果的配方，不過，效果還是十分有限。而且乳頭和乳暈上聚集許多乳腺管出口，極易滲入外來成分，最好不要隨便使用成分複雜的產品。調和了植物油的精油固然比較安全，但也無法像

用在臉上那樣粉嫩。有些人直接訴諸雷射或脈衝光，仍然難敵荷爾蒙的一再「染色」。刺青能勉強把乳暈紋成粉紅色，不過失敗率很高，也不自然。至於天然嫩紅素之類的產品，則和化妝沒有兩樣。

所以，淡化乳暈幾乎是個不可能的任務，還是把重點擺在強化它原本的機能比較實際。要知道乳頭與乳暈是充滿愛的部位，在尚未孕育下一代之前，這個部位更是琴瑟和鳴的樞紐。不論顏色深淺，這個區域都象徵著愛的出口，散發著填饑止渴的吸引力。樟科的芬芳大樹，氣味柔美而深厚，一如充滿母性的胸膛。用這類的精油除去扭捏僵直的拘束感，鼓舞我們澎湃奔放的感受，肯定比遮遮掩掩的塗塗抹抹，更對情人的胃口。

美人密技　Beauty tips

精油種類：樟科精油（山雞椒、月桂、洋茴香羅文莎葉、花梨木）

完美配方：上述精油各2滴，加入10ml的玫瑰籽油，混合均勻。

經濟配方：花梨木精油8滴，加入10ml的甜杏仁油，混合均勻。

日常保養：每天早晚取上述調油各塗抹一次。

精油小傳　花梨木　Aniba rosaeodora ducke

花梨木的故事是典型的「前人砍樹，後人遭殃」。十八世紀時，西方人在亞瑪遜叢林對這種芳香大樹急斂暴征，使它現在名列「世界自然保育聯盟」的《瀕危物種紅皮書》。於是有些人呼籲停用花梨木精油，但是它的市場需求太高，所以巴西政府除了努力種樹植林，同時開發它的枝葉來萃油，希望不必砍樹，也能讓人沉浸在它動人的氣味中。其實花梨木所含的大量沉香醇，在芳樟、墨西哥沉香裡也蘊藏豐富，所以也有人建議用這兩種精油來取代它。不過，它們的香氣雖然接近，作用卻不盡相同。花梨木是出了名的護膚精油，能讓各個部位的皮膚柔美細緻，並淡化黯沉的色澤。

很多人喜歡把花梨木擦在胸口，認為它有一種溫暖人心的撫慰力量，不斷付出的哺乳媽媽對此感受尤深。即使母性是一種天賦，它也跟其他自然資源一樣會因過度開採而耗竭。因此一定程度的休養生息，與足夠的滋養回饋，都是源源不絕的愛的食糧啊。

科學文獻

一、巴西花梨木精油，永續生產與精油品管研究
Green, C. L., Ohashi, S. T., Rosa L. S., Santana, J. A. (1997). Brazilian rosewood oil: sustainable production and oil quality management. *Perfumer & Flavorist, 22*(2), 1-6.

二、花梨木葉油：在亞瑪遜地區的永續生產
Barata, L. E. S. (2001). *Rosewood leaf oil (Aniba rosaeodora Ducke): sustainable production in the Amazon*. IFEAT 2001 International Conference, Buenos Aires.

蒸一臉洋甘菊之清爽明朗，喚醒
禁錮沉悶的心。為生命開扇澄澈透明的窗，
讓自己從裡到外，輕呼吸，給自己一點小‧自‧由。

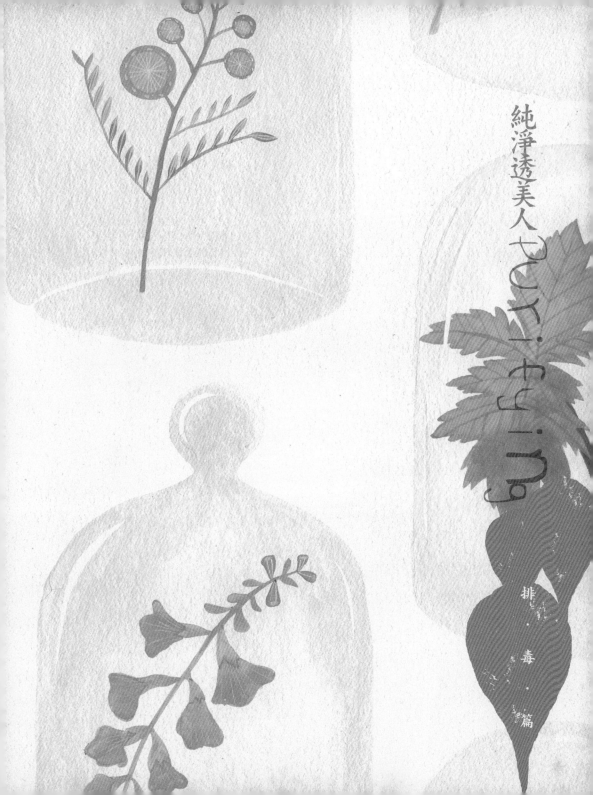

純淨透美人 detoxing

排・毒・篇

淨化　排毒
Story

前年春節到我們肯園的SPA發象徵性的紅包，迎面而來的芳療師全都喜氣洋洋，唯獨一位臉色極其難看。我知道這位芳療師對我素無惡感，應該不是衝著我來的。平日聽同事說，她自律甚嚴且嫉惡如仇，當下頓感名不虛傳。不久，令我們驚訝遺憾的是，她的身體檢查出末期肝癌。事後回想，當時那個臉色其實就預告了她的病情。我讀高中的時候，有一位音樂老師的妝容和膚質，照今天的說法就是，恐龍的可以。高中女生開始愛漂亮，有時不免拿這個老師的樣子開玩笑。沒想到她請假一段時間以後，學校告訴我們老師因胃癌過世。同學錯愕之餘，到處打探，才聽聞這位老師在家深受婆媳問題困擾，情緒一直很抑鬱。我們每天照鏡子的時候，可能也要照照內心，藉著皮膚上的變化提醒自己，是否積存了太多感受不曾宣洩。有個學生聽了我的課，回家用羅馬洋甘菊和德國洋甘菊的純露蒸臉，蒸得涕淚縱橫，委屈憤怒也跟著蒸發。她從此蒸上了癮，覺得自己心裡沒那麼糾結，也敢於素顏出門會客。

溫老師教室 June's class

人體需要排除的毒素，包括一切能影響健康的廢棄物質，例如化學肥料、農藥殘留、污染過的食材，或是過度加工的精緻食品，菸酒、毒品、各種藥物更不在話下。另外一種毒素是心理的毒，當憤怒、悲傷、恐懼等等情緒鬱積不散，每每想起又在心中翻攪、發酵一回，它們的殺傷力可以超過吃進去的毒素，因為影響的是連結全身的神經系統與內分泌系統，不僅僅是局部的器官組織。而代謝這些廢物的過程就稱為排毒。

人體主要靠肝腎排毒，肝臟負責轉化，腎臟負責抽離，這不光是就物質的排毒而言，對心理的排毒也有同樣的作用。肝毒排不掉，皮膚可能會變蠟黃、長斑、冒痘、起疹；腎毒清不好，皮膚則可能蒼白、浮腫、冒血絲、發青。中醫的理論認為：肝臟與憤怒相關，腎臟與恐懼相關，所以皮膚有上述狀況發生時，除了勤擦保養品，恐怕也要反思自己有沒有轉化不掉的激動心緒，或是抽離不了的焦慮情結。

排毒是芳香療法的強項之一，菊科的精油與純露在這方面的貢獻很大。不過排毒的過程常會發生所謂的好轉反應，可能抹了油喝了純露以後，有一段時間卻斑更黑、痘更多、疹子更癢。因為這個術語常被不專業的銷售者拿去當擋箭牌，許多人一聽到「好轉反應」就起疑。事實上，不論是中醫、西醫或自然療法，療癒的階段都會碰到這種現象。消費者如果能確定自己所用精油的純度，又能得到專業人士的諮詢輔導，最好還是忍耐好轉反應的不便而堅持下去，相信必能看到改變。

美人密技 Beauty tips

精油種類：菊科精油（土木香、土木香根、岬角甘菊、岬角雪灌木、加拿大飛蓬、一枝黃花）
完美配方：上述精油各1滴，加入10ml的椰子油，混合均勻。
經濟配方：一枝黃花精油5滴，加入10ml的橄欖油，混合均勻。
日常保養：每天早晚各塗抹一次臉部與肝臟部位的皮膚。
加強保養：使用菊科的羅馬洋甘菊或德國洋甘菊純露，每次5ml加入蒸臉器或一臉盆滾水中蒸臉，每次蒸10分鐘。蒸完以後再倒一瓶蓋純露於一小杯溫水中，慢慢啜飲。

精油小傳　一枝黃花 Solidago canadensis

Ijburg是荷蘭人與海爭地得來的人造島，能在這裡先搶到地盤的野生植物，都是特別強悍的先驅物種。夏天在那裡沿湖散步，比粼粼波光更耀眼的，就是一整片金燦燦的一枝黃花。它們原生於北美，但現在如野火燎原一般地襲捲歐亞各國，不少地區都視之為雜草入侵，包括中國華東一帶。其實它具有珍貴的藥學屬性，可以開發出很高的經濟價值。在身體很虛、很疲憊的時候，可能感覺胸口緊、頻尿但又尿不太出來、陰道發癢、皮膚也亂長東西，若是請出一枝黃花為肝臟排毒，這些症狀便可以一起解決。孕婦在生產前後，也可以多多使用這種精油，而它對初生嬰兒不但沒有危險，更可以預防尿布疹和其他皮膚困擾。

一枝黃花的精油成分以倍半萜烯為主，單萜烯和氧化物次之，氣味的性格像是小鹿斑比，對世界充滿好奇，但是又懂得小心翼翼。它的生態也給人很大的啟示，一事一物究竟是香花還是毒草，恐怕主要取決於別人對待它的方式。若能向一枝黃花學到生存的條件，也就不必在乎旁人貼過來的標籤。

科學文獻

一、加拿大一枝黃花中酸性成分抗腫瘤活性初探
朱宏科、吳平、吳世華、陳云龍、劉非燕、劉曉月（2007）。**浙江大學學報（理學版）**，34（4）。

二、加拿大一枝黃花精油的化學成分及其抗菌活性
王開金、李寧、俞曉平、陳列忠（2006），**植物資源與環境學報**，15（1）。

溶解閉口 粉刺
Story

剛進化妝品公司工作時，面對的都是美容師，所以對儀表必須格外注意。有一次，我正為鼻翼兩側的小粉刺煩惱，一位資深的同事大笑著說：「粉刺有什麼好怕的，多上點粉底就蓋過去啦！」這個對策雖然難以令人苟同，但她瀟灑豁達的態度，卻讓我留下深刻的印象。後來年歲漸長，閱歷漸增，才明白那個態度之於調理粉刺真是有幫助。長粉刺的條件洋洋灑灑，從月經不順到狂吃巧克力，似乎莫衷一是。不過這個群體仍有共通之處，就是情溢乎辭。換句話說，粉刺族比較不善表達情感與意見。就算此人平日能言善道，一碰到難開口的處境，仍會被逼出粉刺來。我請過一位南胡家教，年輕的老師直爽大方，教一段時間之後，就發了喜帖給我。愈近婚期，她原本姣好的面龐愈是粉刺亂冒。這種情形本來也很常見，我隨口開了個玩笑：「老師，你該不會是不想結婚吧？」沒想到竟然正中她的心事。她跟我要了一瓶油回去擦，以鼠尾草為軸心的配方，三兩下就瓦解了那些寫在臉上的尷尬，新娘才來得及在婚禮當天恢復閉月羞花之貌。

溫老師教室 June's class

閉鎖性粉刺或稱白頭粉刺，是由過度分泌的油脂和代謝不良的角質堆積而成。毛囊被這些固態的油脂卡住，逐漸將毛孔撐大，這些囤積物若滋生出細菌，就會變成惱人的痘痘。一般的臉部清潔工作無法消除閉口粉刺，當粉刺出現時再來去角質也為時已晚。若想徹底擺脫，倒不一定要壓迫毛孔將它們擠出來，只需借助鼠尾草溶解和軟化這些油脂與角質，皮膚便能由淋巴自動回收這個不速之客。憂心門面的屋主需要多一點耐心，否則強制拆除常會傷及原有的屋瓦。

另一個溫和但同樣有效的做法是，多多攝取維生素B群。在營養素中，B群就像皮膚和神經系統的保母，給情緒時常暗潮洶湧的粉刺族，提供最大的安慰。一般人只注意長粉刺不可吃什麼，其實吃對東西更重要。不少人長了粉刺以後，就開始對食物緊張兮兮，這不吃那不吃，營養不均的結果，是讓神經與皮膚更不安定。B群最豐富的來源為肝臟、啤酒酵母和麥胚芽，而非蔬菜水果。謝絕粉刺的飲食重點不在清淡或油膩，是在B群夠不夠。

粉刺也有象徵意義，它是理性的角質與感性的皮脂腺相持不下的結果。堵住的混合物既探不出頭來，也無法透過身體的循環自動代謝，真正叫進退兩難。更麻煩的是，內在的兩難不解決，不管用什麼手段取得表面的和諧，不吐不快的鬱結還是會源源不絕地湧上來。因此，我們看中鼠尾草的，不光只是溶解皮脂、軟化角質，還因為鼠尾草是「清明」的代名詞，這種植物的能量鼓勵我們不再逃避自我，看到問題的根源，才能使內外通透。

美人密技 Beauty tips

精油種類：脣形科鼠尾草屬精油（三裂葉鼠尾草、快樂鼠尾草、小葉鼠尾草、狹長葉鼠尾草、薰衣鼠尾草）

完美配方：上述精油各1滴，加入10ml的榛果油，混合均勻。

經濟配方：小葉鼠尾草精油4滴，加入10ml的桃仁油，混合均勻。

日常保養：早晚洗過臉後，用調油2滴按摩粉刺皮膚1分鐘，然後再用熱毛巾輕輕按壓1分鐘（絕對不要用力擦拭）。

加強保養：要強化效果時，可在按壓過後，貼敷10分鐘沾了鼠尾草純露的化妝棉。還可隨身攜帶鼠尾草純露，隨時噴灑。

精油小傳　小葉鼠尾草 Salvia officinalis

這是尋常鼠尾草（common sage）的普羅旺斯版，葉片較小，氣味較柔和，但基本作用相仿。換句話說，小葉鼠尾草也是酮類精油。酮的一大藥學屬性就是溶解脂肪，包括臉上的油脂，而且親膚性極佳。酮的功能多，但讓人戒慎恐懼的，是它的神經毒性，大多數的芳療專書都強調這一點，英國國際芳療師協會IFA的專業教材也不例外。事實上，所謂的毒性永遠取決於劑量和用法，在2%的濃度以下、每日塗抹小範圍的皮膚（如臉部）不超過兩次，鼠尾草幾乎對所有人都是安全的。至於最脆弱的嬰幼兒與孕婦，前者沒有粉刺的問題，後者則可用大西洋雪松替換鼠尾草來處理粉刺，以求心安。

焚燒鼠尾草在北美洲是印第安巫師作法驅魔的重要步驟，知名的淨化儀式sweat lodge（帳篷三溫暖），也藉著點燃鼠尾草讓身心煥然一新，這都跟鼠尾草激勵神經系統的酮類芳香分子有關。所以，如果太在乎表面形象而看不到自己內在的美好，鼠尾草就會是幫我們恢復清明自覺的探照燈。

科學文獻

一、鼠尾草乳液治手汗症之療效評估

Iraji, F., Rokhforooz, M., Shahtalebi, M.A., Vali, A. (2007). Evaluation of the efficacy of Salvia officinalis lotion in treatment of palmoplantar hyperhydrosis. *Hamdard Medicus, 50*(1), 68-71.

二、抑制膽鹼脂酶的鼠尾草當作心理性應激物對於情緒、焦慮和行為表現的影響

Haskell, C., Kennedy, D. O., Milne, A., Okello, E. J., Pace, S., & Scholey, A. B. (2006). Effects of cholinesterase inhibiting sage (Salvia officinalis) on mood, anxiety and performance on a psychological stressor battery. *Neuropsychopharmacology, 31*(4), 845-852.

癒合閉口　粉刺
Story

常常有學生在下課之後，把臉湊到我眼前來，要我「鑑定」她臉上的違章建築該怎麼處理。好幾次，我都懷疑自己是不是該去配一副老花眼鏡，因為實在找不到什麼大不了的問題。有的學生看出我的遲疑，所以對給出的處方也半信半疑，下個星期再來上課時，臉上就打了許多補釘。問她這是用了精油以後的反應嗎？她便難為情地回答，可能清粉刺的時候太用力……我只好鄭重叮嚀她用一些豆科精油，接下來的幾堂課，就看著她的皮膚慢慢反璞歸真。課程結束後，學生又會分享，最初若是老老實實用油，應該就不必兜這麼大一個圈子。這類個案看多了，更讓人確信，護膚的大忌是旺盛的企圖心。處理粉刺的問題，特別需要修練一下道家的無為，迫不急待就要橫加干預的話，很難不留下斧鑿的痕跡。不過，亡羊補牢猶未晚矣，「案發之後」若能立刻轉性，在精油的香氣裡悠悠慢活，要不了多久，也能驚喜地發現，鏡中人不知何時已經悄悄改頭換面。

溫老師教室 June's class

明知道皮膚可能受傷，妳還是按耐不住，硬是把粉刺給擠了出來。不過接下來的場景可未必大快人心：有時毛孔已經發紅突起，粉刺卻仍猶抱琵琶半遮面；有時如願驅離了粉刺，但擴張的毛孔卻像剛拆了釘子的牆面。因為毛囊破裂時，即使大部分粉刺被擠出，只要有一點粉刺落入周圍結締組織中，就會引起發炎反應與一連串的後遺症：感染、膿腫、凹洞、傷口色素沉積。皮膚雖然再生能力很強，但也經不起這種「千錘百鍊」，所以善後工作絕對不能不做。

清粉刺之後的修復順序如下：1.鎮靜、消腫；2.抗菌，杜絕細菌感染；3.激活，促進細胞再生。精油因為分子結構複雜，三項工作可以畢其功於一役，這是一般保養品所做不到的。在自然界，有些樹木受到割傷，便會自動釋出樹脂來修復自己的「皮膚」，由樹脂萃成的精油，對於類似情境的人類傷口癒合，也有同樣的功效。不過這類精油多半十分黏稠，需要稀釋到2%以下的劑量，才不會引起刺激皮膚的反效果。

大家都知道，修復古蹟比搭建新樓更需要細心和耐心，此時豆科精油就很適合拿來加強我們的心理素質。閉口粉刺的癒合尤其是一項欲速則不達的工程，豆科精油能減低我們的毛毛躁躁、汲汲營營，這才能好整以暇地補破網。如果同時搭配攝取維生素C和E，並且早睡早起（人體的修復工作要仰賴副交感神經統籌大局，而副交感神經都在晚上工作，如果我們不睡覺，它就沒法開機），一個月之後必然可以看到光可鑑人的肌膚。

美人密技 Beauty tips

精油種類：豆科精油（香脂果豆木、鷹爪豆、秘魯香脂、吐魯香脂、古巴香脂、零陵香豆、銀合歡）

完美配方：上述精油各1滴，加入3ml的瓊崖海棠油、2ml的小麥胚芽油、5ml冷壓葡萄籽油，混合均勻。

經濟配方：銀合歡精油7滴，加入10ml的荷荷芭油，混合均勻。

日常保養：清粉刺之後，立即局部塗抹調油1滴，接下來每2小時輕輕塗抹一次。第二天改為早中晚各一次，第三天開始，早晚潔膚後取3滴塗抹全臉即可。

加強保養：【癒合粉刺面膜】白芷粉＋白芨粉15ml（1大匙）＋上述調油25滴＋薰衣草純露12.5ml（2.5茶匙）。敷10分鐘後洗去。

精油小傳　銀合歡　Acacia dealbata

芳療中有些品項原是香水業的最愛，長時間應用下來，讓人有機會發現它們優美氣味以外的療癒力，所以雖然相關文獻不多，但大量出現的商品本身也是一種證據。銀合歡就屬於這樣的一種芳香植物。臨床經驗裡，它使肌膚柔軟、傷口癒合快速，甚至膚色變淡。因為它所含的洋茴香酸、洋茴香酯、洋茴香醛，能抑制酪氨酸酶作用，阻斷黑色素的形成，不過它最常出現在油性敏感肌膚的護膚品中。銀合歡本是澳洲特產，後來在南歐與北非開枝散葉。它的羽狀複葉柔軟含羞，圓椎花序金黃帶怯，看來雖然嬌弱，但是忍癠耐旱，可以在最荒涼的土地上長成一片鬱鬱蔥蔥。

調香師一般都用銀合歡來磨平不同香氣的稜角，其實它自己的氣味毫不強勢，那麼細緻的發音竟然能讓粗里粗氣的七嘴八舌都噤聲，只能說是柔能克剛。對於那些纖細敏感的心靈，銀合歡則像一座防火牆，可以保護他們不受世態炎涼的熏烤，反從人情冷暖中學會控溫。

科學文獻
一、對銀合歡葉片萃取、銀合歡葉臘，與其他金合歡屬植物的使用安全最終報告
Wilbur Johnson. (2005). Final report of the safety assessment of Acacia catechu gum, Acacia concinna fruit extract, Acacia dealbata leaf extract, Acacia dealbata leaf wax… *International Journal of Toxicology, 24*(3_suppl), 75-118.

二、銀合歡專題：相思樹屬植物在南澳作為木質作物的可能性評估
Maslin, B. R., & McDonald, M. W. (2004). *Acacia Search, evaluation of Acacia as a woody crop option for southern Australia.* Barton, A.C.T.: Rural Industries Research and Development Corporation.

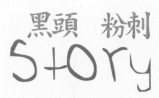

黑頭　粉刺
STORY

在這個資訊爆炸的時代，能上網好像就能找到各種解釋。然而生命的歷程中，卻有太多超乎想像、匪夷所思的真實狀況是Google不到的。我就碰過一個很有趣的個案，黑頭粉刺只長半邊臉。我們考慮過各種可能，包括側睡、托腮、身體兩邊能量不平衡等等，最後的發現卻跌破所有人的眼鏡。原來這位小姐在銀行上班，長粉刺的半邊臉就是鄰近數鈔機的那半邊。她性格特別謹慎，數鈔時總是靠得很近，緊盯著機器作業。於是我們讓她一面用雲杉抹臉，調節皮脂，一面用雲杉、尤加利在數鈔機旁邊擴香，淨化空氣。不出半個月，她的黑頭粉刺就開始一個接著一個銷聲匿跡。也許這是個巧合，不能就此斷言鈔票會誘發黑頭粉刺，但這個案例倒是為骯髒錢下了一個好玩的註腳。以皮膚科的定義來講，黑頭粉刺不等於毛孔清潔不當，上述的案例實際上比較偏向毛孔不潔。不過皮膚問題常是複合式的，而且這本書討論的也是一般大眾的美容話題，所以就不嚴格區分這兩者了。

溫老師教室 June's class

黑頭粉刺最常出現在額頭及鼻子的T字部位，如果看到這些小黑點，千萬不要拼命洗臉。雖然它們使毛孔顯得不乾不淨，但造成黑頭粉刺的主要原因，並不是臉部清潔工作沒做好。黑頭（開放性）粉刺與白頭（閉鎖性）粉刺的組成基本相同，都由分泌過多的油脂及老廢角質混合而成，兩者的差別只在地理位置：白頭深埋於洞底，黑頭懸浮於洞口。粉刺於毛孔開口處與空氣接觸時，會產生氧化作用而變黑，因此被命名為黑頭粉刺。

即便看似情節重大，由於洞口沒被堵住，黑頭粉刺其實比白頭粉刺好清理。但這也不表示可以隨意擠壓它，因為壓力效應一旦累積，會逐漸使毛孔擴張，更不好看。皮膚科醫師會很嚴肅地「闢謠」，告訴你卸妝油和敷臉劑都不可

能改善黑頭粉刺，它們的淨化動作只是治標不治本。但當卸妝油與敷臉劑是精油調製而成的時候，那就不可同日而語了。因為很多精油都有辦法安定神經並收斂皮脂腺，作用機轉和一般保養品成分截然不同。

髒汙固然不是黑頭粉刺的必要條件，但確實常是它的充分條件。髒汙的媒介也不能只從皮膚表面尋找，空氣和食物同樣可以是髒汙的的來源。我們已經知道勤洗臉無益於黑頭粉刺，可是那並不表示淨化身心與環境對這個問題沒有意義。黑頭粉刺的寓言要講的是：負荷已經找到出口，等待的只是臨門的一腳。我們知道欠缺的是什麼、不滿的是什麼後，那就趕緊起而行，改變生活習慣吧。

美人密技 Beauty tips

精油種類：松科雲杉屬精油（白雲杉、藍雲杉、塞爾維亞雲杉、矽卡雲杉、挪威雲杉、英格曼雲杉、小魯茲雲杉、紅雲杉）
完美配方：上述精油各2滴，加入20ml冷壓葡萄籽油，混合均勻。
經濟配方：矽卡雲杉精油4滴，加入10ml荷荷芭油，混合均勻。
日常保養：早晚潔膚後在粉刺部分以調油打圈按摩1分鐘，然後用沾了橙花純露的化妝綿輕輕按壓，讓剩下的調油停留在臉上，不必擦掉。
加強保養：【黑頭面膜】白芷粉＋白芨粉15ml（1大匙）＋上述調油25滴＋橙花純露12.5ml（2.5茶匙）。敷臉10分鐘後洗去，每週兩次。

精油小傳　矽卡雲杉 Picea sitchensis

這是世界上排名第四的壯碩樹種，即使在其他植物視為畏途的地方，也有辦法沖天生長。英國科學家注意到紅鹿在春天會大啖矽卡雲杉，因此把鄰近的針葉樹及其個別成分找來較量，結果發現紅鹿對別的氣味都很排斥，獨獨鍾情矽卡雲杉。另一個日本的實驗則指出，矽卡雲杉做成實驗室動物的床墊，能給牠們一個比較衛生而不受感染的環境。這些發現都指向矽卡雲杉獨特的精油成分。它擁有大量的檀香烯、樟腦、月桂烯和胡椒酮，在針葉樹當中十分罕見。由於酮類善於分解皮脂，月桂烯能抗菌，

檀香烯則可讓皮膚軟嫩，所以對容易阻塞的油性膚質，矽卡雲杉會是個清爽明朗的選擇。

有一種基因突變的矽卡雲杉能長出金黃色的針葉，被海達族印第安人視為聖樹。此樹後來不幸被惡意盜砍，但英屬哥倫比亞大學的植物學家曾從海達族取得樹段，帶回去接枝研究。逢此災難，當年種出的小樹便被送回海達族手上沿續香火。這個完璧歸趙的故事告訴我們，生命會替自己找到出口，一如矽卡雲杉。

科學文獻

一、單萜烯的氣味如何影響年幼紅鹿對於食物的選擇
＊實驗顯示矽卡雲杉是紅鹿最喜歡的氣味，因此也成為它們的主食之一
Elliott, S., & Loudon, A. (1987, June). Effects of monoterpene odors on food selection by red deer calves (Cervus elaphus). *Journal of Chemical Ecology, 13*(6), 1343-1349.

二、以軟性水熱工藝改進並回收實驗室動物的鋪床素材
＊實驗顯示，矽卡雲杉木片是理想的動物枕睡材料
Kasai, N., Kibushi, T., Li, Z., Miyamoto, T., & Yamasaki N. (2008). Use of soft hydrothermal processing to improve and recycle bedding for laboratory animals. *Laboratory Animal, 42*(4), 442-452.

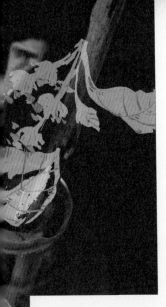

發炎 面皰
Story

「老闆娘，很對不起，我要辭職了。」學生開的美容沙龍有個跟了她多年的得力助手，有一天突然晴天霹靂地給她這麼一通電話。這個助理完全是學生一手拉拔成材，剛開始不但經驗全無，甚至還滿臉大痘痘。調教到後來，搖身一變為店裡的台柱和看板，手法與皮膚之好，與過去相比簡直判若兩人。學生本來很傷心，以為又是一個翅膀硬了就要飛走的老梗，隔了好久才知道，原來助理做了很長一段時間的小三，驟然落跑是為了躲避元配的「追殺」。塵埃落定後，助理又回來上班，這才把坎坷情史娓娓道出。據說她在不知情的情況下介入了別人的婚姻，不能曝光的關係使她離鄉背井，為愛走天涯。去學生店裡工作之前，正是她苦悶到了極點的時候。獲得錄用之後，男友也離家出走與她廝守，她才會從痘花妹升級成正妹一枚。講到這裡，學生幽幽地說：「害我一直以為，她的痘痘都是我用廣藿香治好的。」我忍住笑提醒學生，廣藿香因此成為她的鎮店之寶，銷售長紅，可見還是有用的啦！

溫老師教室 June's class

當毛孔這個內外來往的通道受阻時，輕則形成粉刺，重則演變為面皰。最初是毛囊嚴重堵塞，接著，無法排出的粉刺受細菌感染，開始紅腫突起並且產生痛感，即是發炎面皰初期生成的型態。隨後，依據受感染的程度和範圍，則發展成三種不同的類型：丘疹、膿疱、結節囊腫。無論是哪一種型態的發炎面皰，都會讓人產生「毀容」的憂慮，而這種心理壓力與病情互為因果，會加重惡性循環。

如果說粉刺象徵著一種隱忍的狀態，那麼，發炎面皰就是忍耐到極限時，一種憤怒爆發的狀態。若是體內的毒素過多，發炎面皰還會長在特定的經絡路徑上，透過化膿來排放毒素。這些毒素不只是身體的，也是心理的。總之，火山爆發的面皰是壓力累積的頂點，一旦釋放，

肌膚與心靈才能暫獲暢快呼吸的自由。所以，治面皰一定要同時穩住情緒的陣腳，最好選擇既可消炎又能紓壓的精油，像是廣藿香和蜂香薄荷。

醫學上已經證實，大量攝取維生素A，對治療青春痘十分有效，市面上也可以找到各種以維生素A為主要成分的抗痘霜。但是肝臟與蔬果中所含的天然維生素A，無論如何攝取都不曾傷害人體；藥物與保養品中的合成維生素A，卻常常帶來有害健康的各種副作用，所以均衡飲食才是王道。另外，發炎面皰的患者，多半都不了解冷壓植物油的重要性，有些光是口服月見草油、琉璃苣油和大豆油就改善了下巴的大痘痘，很值得推薦。

美人窈技 Beauty tips

精油種類：脣形科精油（牛膝草、廣藿香、高地牛膝草、香蜂草、蜂香薄荷、馬鬱蘭）

完美配方：上述精油各1滴，加入10ml的月見草油，混合均勻。

經濟配方：廣藿香7滴，加入5ml小麥胚芽油與5ml杏桃仁油，混合均勻。

日常保養：早晚洗過臉後，用5滴按摩油輕塗全臉。過10分鐘後再用香蜂草純露噴灑全臉。

加強保養：【面皰面膜】白芷粉＋白芨粉15ml（1大匙）＋上述調油25滴＋香蜂草純露12.5ml（2.5茶匙），敷臉10分鐘後洗去。

精油小傳　廣藿香 Pogostemon cablin

西方人對廣藿香有一種迷戀，因為這種氣味常讓他們聯想到六〇年代的解放精神。那個時候的年輕人試圖從東方（主要是印度）尋求跳脫西方建制的靈感，廣藿香因為伴隨著印度的織品及焚香出現，便成為那個記憶不可磨滅的背景。廣藿香的泥土氣息，確實能讓活在「空中」的現代人得到安慰與依靠，這泥土中還帶著一股清新，像是炎夏午後雷雨澆灌過的大地。這種穩定感也可以平撫各種皮膚的發炎現象。我有個學生，曾因為被考試搞得焦頭爛額而小腿生瘡，又癢又難看，擦了藥也是反反覆

覆。後來用了廣藿香，不但爛瘡消了，心也定了。孕婦與產婦常受痔瘡所苦，廣藿香一樣能解除那種煩惱。

中藥裡廣為流行的藿香正氣散，用的就是廣藿香。它的香氣幾乎全由倍半萜類所構成，這一群芳香分子能促進靜脈與淋巴的微循環，讓身體在不知不覺中輕盈起來。而它們沉著雋永的氣味，一經發散便能繞樑三日，一個人再怎麼面紅耳赤，只要浸淫其中，也就會臣服於天地之間了。

科學文獻

一、藿香和廣藿香揮發油對皮膚癬菌和條件致病真菌的抑制作用
Chaumont Jean-Pierre、Millet Joëue、楊得坡（2000）。**中國藥學雜誌，35**（1）。

二、廣藿香葉揮發油對小鼠免疫調節作用的實驗研究
胡麗萍、孫宏波、馬賢德、陳文娜、齊珊珊（2009）。**中華中醫藥學刊，27**（4），774-776。

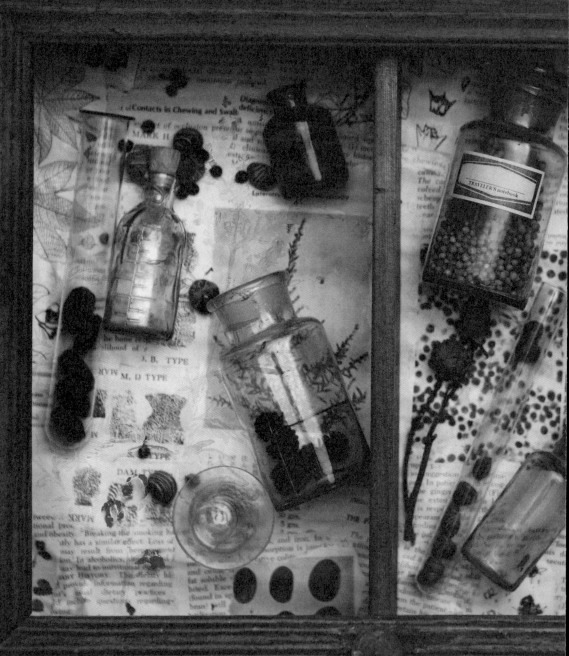

去　痘疤
Story

有些人從事美容工作，是因為天生麗質，也有一些人從事美容工作，是屬於久病成良醫。兩者都有專業上的說服力，但後者更能給我們美容以外的啟示。話說沙龍界的文化，喜歡業務或技導跟美容師「搏感情」。不過有次碰到一個學究型的客戶，全公司無人能搞定，只好把我這個另類講師派出去。當年我從英國學了哲學回來，誤打誤撞跑到保養品公司教芳療，言談舉止常被嘲笑為不食人間煙火，剛好那位美容師內外都散發著「小龍女」的味道，主管就把我們送作堆。我不擅閒話家常，這位美容師也熱衷探討成分與原理，所以我們切磋地相當愉快。但有幾次她的措辭實在太過「高深」，讓我忍不住問起她的入行背景。原來她的學歷不錯，同樣儒雅的男友後來卻投入一個晶瑩剔透的女孩懷抱，於是她發憤要把自己的皮膚變好，就這樣進了美容界。為了證明所言不虛，她拿出以前滿臉痘疤的照片，我請教她換膚的祕訣，她搖搖頭，笑了笑說：「只要功夫深，鐵杵也能磨成繡花針。」

溫老師教室　June's class

痘疤有兩類，凹痕型痘疤和色素型痘疤（痘印）。當粉刺的根據地，皮脂濾泡，被微生物占領，破壞結締組織構成的濾泡囊，而由上皮組織取代，就會形成所謂凹痕型痘疤。這類痘疤已傷及真皮層，很難痊癒，需要在真皮層補充大量的膠原蛋白，才可能使皮膚恢復平整。屬另一類的色素型痘疤，則是由發炎引起的色素沉澱，可分為紅印跟黑印。正在發炎者，稱為紅印，消炎後就會褪去；如果持續發炎，則會刺激黑色素細胞，使得皮膚色澤變深，即為黑印。

精油處理的痘疤，主要是色素型痘疤，這類痘疤只要有良好的新陳代謝能力，並做好充足的防曬措施，就能逐漸煙消雲散。菊科的酮類精油，如艾草，既長於消炎，又有利皮膚再生，

堪稱箇中翹楚。另外維生素E的去瘢痕作用，也早已聲名遠播，它既可預防新痘疤，又能消除老痘疤。除了口服，也不要忽略冷壓植物油中富含維生素E，所以拿小麥胚芽油之類的植物油塗抹患部，也是必要的做法。

發炎是戰鬥力的表徵，屬於火能量，而代謝是流動力的表現，屬於水能量。當身體產生痘痘時，常是火能量太旺，如果再加上水能量不足，就容易堆積毒素而造成身體的負荷。負責引流毒素的淋巴系統，還代表我們放掉傷痛的能力，生存狀態若是過於僵化和拘執，淋巴往往也會陷入停擺。而痘印，其實就是發炎面皰的戰火餘生錄，只要我們願意讓不愉快的情緒過去，和往事乾杯，細胞也會歡欣鼓舞地迎向未來。

美人密技　Beauty tips

精油種類：菊科精油（苦艾、艾草、印蒿、阿法蒿、白蒿、南木蒿、龍艾）
完美配方：上述精油各1滴，加入20ml雷公根浸泡油，混合均勻。
經濟配方：艾草精油2滴，加入10ml的小麥胚芽油，混合均勻。
日常保養：早晚輕輕塗抹清潔過後的臉部。
加強保養：【去痘面膜】白芷粉＋白芨粉15ml（1大匙）＋上述調油25滴＋迷迭香純露12.5ml（2.5茶匙）。敷臉10分鐘後洗去，每週敷一次。

精油小傳 艾草 Artemisia vulgaris

很多人都經驗過艾絨溫灸，對艾草的療效是毋庸置疑的。不過艾草精油和中藥艾葉是同屬不同種的植物，成分比例有相當的差距。即使是同個品種萃出的艾草精油，還是會因產地不同而有成分差異。我們常用的艾草精油來自摩洛哥，以單萜酮為主，其中側柏酮占35％，樟腦占30％，歐洲艾草和中國艾草則是以桉油醇為大宗，酮的比例小很多。雖然各種艾草的作用方向大抵一致，但療效深淺當然會因成分而異。以酮為核心的艾草，在通經和護膚上要略勝一籌。促進皮膚再生本來就是酮的專長，如果想要抹去各種不美觀的痕跡，以1％的濃度使用艾草精油，就能逐漸達到換膚的效果。

艾草的功能極多，樣樣都很出色。臨床上備受肯定的包括避免呼吸道的黏膜感染（可以抗呼吸道融合病毒RSV），養肝利膽，加速產程等等。《孟子‧離婁篇》上有言：「今之欲王者，猶七年之病求三年之艾也。苟為不畜，終身不得。」治國如此，養生亦然。所以像艾草這樣的良方，若能不時微量使用，必可免於病急亂求醫。

科學文獻

一、艾草酒精萃取物的養肝活性

Ghayur, M. N.,Gilani, A. H., Jamal, Q., & Yaeesh, S. (2005). Hepatoprotective activity of aqueous- Methanol extract of Artemisia vulgaris. *Phytotherapy Research, 19*(2), 170-172.

二、艾草精油對肉蠅的驅蟲消毒活性

Wang-Jian; Li-ya and Lei Chaoliang. (2005). The repellency and fumigant activity of Artemisia vulgaris essential oil to Musca Domestica Vicina. Chinese. *Bulletin of Entomological Research, 42*(1), 51-53.

凹 凸不平
Story

我在國中的時候，就讀於一所好學區的明星學校，同學很多都是達官顯要與各界名流的子弟。在那些權貴小孩當中，我印象最深的是隔壁班的一位同學。她父親是當時政壇的核心人物，常出現在報紙上的那張臉，看來阡陌縱橫，層巒疊起。作為一個大官，這種長相可以美其名為「嶙崎」，但是一個模子印到他女兒臉上，就教人不知從何說起。我和這位同學偶爾會聊個幾句，談不上有交情，畢業以後自然也沒聯絡。幾年前在一個場合重逢，兩人都已經「人到中年」，奇妙的是，居然還認得出彼此。她那張令人擔心的臉其實沒什麼改變，不過，我們倆好像都不像小時候那樣擔心。人到了一定的年紀，看世界就不會只看表面了。現在整形技術那麼發達，要磨平一張凹凸不平的臉也不是什麼難事，可如果滿腦子憂讒畏譏，那就是變成畫皮女妖也不會滿意的。告別老同學，暗自思忖，這樣的臉可以用什麼精油呢？我想，不斷換皮、推陳出新的白千層家族跟她挺相襯，不過重點倒不是換皮，而是層層褪去之後的直指本心啊。

溫老師教室　June's class

肌膚的細胞由表皮層最底部的基底層所製造，新生細胞由基底層向上推至角質層，到最後死亡脫落，通常以28天為一週期，也就是說我們每28天便換了一張新的臉。而皮膚的質感、外觀和健康與否，完全取決於基底層的細胞。因此想擁有好的膚質，擺脫凹凸不平的外觀，就要想辦法使基底層不斷地生產製造出新細胞。小孩不管怎樣跌撞翻摔，過一陣子以後，一張臉又平整地如白瓷一般。除了未經風雨，主要就是因為他們的再生能力超強。

雖然天增歲月人增壽，但再生能力卻會逐年遞減。想保有一定的皮膚再生能力，可以借助特定的精油和植物油。不過精油也只是啦啦隊，真正的主角是身體的修復大隊，這群細胞有偏好的工作時段——夜晚10點到凌晨2點，也就是俗稱美容覺的時間。太陽下山以後，就輪到

副交感神經指揮統御整個修復工程，而它喜歡安靜地工作，所以愈夜愈美麗的前提就是，要早早把眼睛閉起來。芳療也能助眠，這使得精油在促進皮膚再生的考試中又可以加權計分。

皮膚除了可保護身體、感受世界，還可以調節體溫，這個歷程，呼應著我們在生命中不斷因應外在環境所做的調整。每一次角質細胞的新生與死亡，就讓我們脫胎換骨一次。皮膚的角質堆積與角質增生，暗示著揮之不去的前塵往事，而難以抹滅的陰影，也可能在皮膚表面製造小小的疙瘩。心理的障礙，讓我們害怕與人相處，就像皮膚有坑疤，總不希望別人靠近、看清，但如果我們能拉開距離，就會看到，月球表面不是只有凹凸不平，還環繞著柔美寧靜的光暈。

美人密技　Beauty tips

精油種類：桃金孃科白千層屬精油（沉香醇綠花白千層、綠花白千層、白千層、茶樹、沼澤茶樹、鱗葉茶樹、小河茶樹、窄葉茶樹、掃帚茶樹、橙花叔醇綠花白千層）
完美配方：上述精油各1滴，加入20ml雷公根浸泡油，混合均勻。
經濟配方：沼澤茶樹精油5滴，加入10ml小麥胚芽油，混合均勻。
日常保養：早晚潔膚後均勻塗抹全臉。如果皮膚感覺稍油，可以再噴上茶樹純露，然後向上拍打全臉30下。
加強保養：【平整面膜】白芷粉＋白芨粉15ml（1大匙）＋上述調油25滴＋茶樹純露12.5ml（2.5茶匙）。塗抹後蓋上熱毛巾敷臉10分鐘再洗去，每週敷一次。

精油小傳　沼澤茶樹　Melaleuca ericifolia

沼澤茶樹的正式學名叫石南葉白千層，它和獲得巨大商業成功的茶樹（互葉白千層），其實都是白千層屬同門，和中國的民族飲料在植物學上則毫無瓜葛。之所以「冒名」行走江湖，都要怪最初到澳洲大陸的英國人詞彙貧乏。而桃金孃科白千層屬的植物品種雖多，基本性格全跟它們的長相一樣「坦白從寬」。各種白千層的樹皮都有薄層海綿質，柔軟而富彈性，色呈灰白或褐白。每年木栓形成層都會向外長出新皮，並把老樹皮推擠出來，就像脫衣服似地層層掀開自己，因而被戲稱為剝皮樹。它們的療癒特質也完全體現了這種生長特性，以細胞更新為手段，拿皮膚再生做指標，終極目的是讓身心靈苟日新、日日新、又日新。

沼澤茶樹又名薰衣草茶樹，可見氣味之怡人。理想型是沉香醇占60％、桉油醇占16％，聞起來剛柔並濟，真的像薰衣草加茶樹。但是它的氣味差異很大，也有桉油醇甚至甲基醚丁香酚占壓倒性多數的，所以購買時一定要注意化學類型CT，否則美嬌娘可能會變臉成大丈夫。

科學文獻

一、沼澤茶樹精油中的沉香醇研究

Morrison, F. R., & Penfold, A. R. (1936). *The occurrence of linalool in the essential oil of melaleuca ericifolia*. Sydney: The Royal Society of New South Wales.

二、沼澤茶樹葉片裡具抑制腫瘤活性的萜烯成分研究

Abdel Bar, F. M., Ahmad, K. F., Bachawal, S. V., El Sayed, K. A., Sylvester, P. W., & Zaghloul, A. M. (2008). Antiproliferative Triterpenes from Melaleuca ericifolia. *Journal of Natural Products, 71*(10), 1787-1790.

細緻 膚質
Story

保養品廣告經常做得太誇張，什麼只睡一小時，什麼我是你高中老師，不免使「有識之士」對保養品產生抗拒之心。有一次，一個憂心忡忡的阿桑，領了她看起來很T的女兒來找我，說女兒一直只顧讀書，不把皮膚弄好，以後交不到男朋友。酷妹在一旁淡淡地反駁說，保養品全在騙人，皮膚會怎樣都是天生的，用什麼都一樣。我趕緊打圓場表示，精油原本不是保養品，但是對皮膚有幫助，就像薏仁不是保養品，但是對皮膚很好。然後聊起我有次去普羅旺斯，一個團員走失，搞得我焦頭爛額，擦了天竺葵才鎮定下來，最後也找到團員。酷妹聽了還是面無表情，只說：「那是怎麼用？」走的時候，媽媽為她買了一瓶，她也沒反對。過了一個月，收到酷妹的e-mail，在國立大學念研究所的她寫道，查過國外的科學文獻，知道我講的是真的，但隻字未提自己用得如何。又過了一個月，媽媽一人跑來幫她買了三瓶，說是她要出國了，怕一時找不到可靠的精油。那她喜歡嗎？媽媽笑逐顏開地說：「唉唷，幼咪咪啦！」

溫老師教室 June's class

有些人身體健康，皮膚卻上不了檯面，有些人身體虛弱，皮膚竟細緻無瑕。也有人笑口常開，但毛孔清晰可見，有人冷若冰霜，可一張臉吹彈得破。這些活生生的案例，不時就來挑戰我們對於身心健康的「信仰」。另一方面，有人戰戰兢兢、遵守一切護膚的教戰手則，皮膚還是比不上某些隨隨便便拿肥皂洗臉、根本不抹保養品的人。擺在眼前的事實，教慎思明辨的頭腦既困惑又洩氣。護膚到底有沒有用啊？

這其實是一個哲學問題，而不只是皮膚學的問題。因為不光是護膚，人生所有的事情都有應然與實然並存的現象，都有例外和運氣的情況發生。就像有人認單字過目不忘，聽語調能立即模仿，我們可以忌妒，但因而就不再背誦單字，放棄反覆練習發音，是不是有點太傻？這

也是一個態度問題，而不只是成效問題。面對「無常」而盡人事聽天命，能讓我們心平氣和、珍惜所有。純以成敗論英雄的話，生命的出口就很窄了。

無常要教給我們的，絕不是虛無，而是拋開我執。不必迷信專家和權威，敞開心胸多方學習，接受自己的侷限，但仍不放棄努力。我很喜歡「知其不可而為之」這句話，我以為那並非一種負隅頑抗的姿態，而是懷抱夢想的灑落。所以護膚到底有沒有用？當然有用，只要不以「每天只睡一小時」、「我是你高中老師」當目標，選擇適合自己的保養方法，你會在過程中感受到關注自己、理解自己的信心和樂趣，看自己就會更順眼了。

美人密技 Beauty tips

精油種類：番荔枝科、牻牛兒科、蘭科（完全依蘭、波旁天竺葵、玫瑰天竺葵、大根老鸛草、香草）

完美配方：上述精油各1滴，加入10ml玫瑰籽油，混合均勻。

經濟配方：波旁天竺葵精油4滴，加入10ml甜杏仁油，混合均勻。

日常保養：早晚洗臉後輕輕抹勻全臉。

加強保養：【細緻面膜】白芷粉＋白芨粉15ml（1大匙）＋上述調油25滴＋天竺葵純露12.5ml（2.5茶匙），敷臉10分鐘後洗去，每週敷一次。

精油小傳　波旁天竺葵　Pelargonium graveolens

天竺葵又叫香葉，因為葉片透著嫵媚花香。它可說是通俗版的玫瑰，香氣、作用都很接近，價位卻極有親和力，使天竺葵成為許多人的最愛。原生於南非，品系繁多，目前萃油的主要品種：波旁天竺葵與玫瑰天竺葵，其實都是雜交種。波旁天竺葵富於牻牛兒醇，因而「回眸一笑百媚生」；玫瑰天竺葵則多些香茅醇，宛如「所謂伊人，在水一方」。用於護膚時，既能潤燥又可控油，效果接近「溫泉水滑洗凝脂」，加上顛倒眾生的氣味，不愧為美容必殺絕技。更令人興奮的是，中國科學家率先發現，天竺葵對子宮頸癌和白血病能產生抑制作用，各國學者也跟進研究它在肝癌、皮膚癌、胰腺癌、結腸癌細胞的抗腫瘤機轉。

天竺葵其他的藥理表現，包括在250ppm濃度下就能百分之百抑制真菌生長；對尖銳濕疣這種麻煩的性病，臨床治癒率高達72.82%；若將二十倍於人用劑量的天竺葵油塗於家兔皮膚上，僅見局部變紅和充血，可見非常安全。對芳療尤其重要的好消息是，它會讓透皮給藥能力提高48倍，這意味著經皮吸收的藥物和複方按摩油，都可藉調入天竺葵來增強吸收率。

科學文獻

一、天竺葵精油的化學結構與抗腫瘤作用研究

Fang, H. J., Su, X. L. et al. (1989). Studies on the chemical components and antitumor action of the volatile oils from Pelargonium graveolens. *Acta Pharmaceutica Sinica 24*(5), 366-370.

二、天竺葵精油的化學結構與消炎作用研究

Beknal, A.K. & Ganapaty, S. (2005). Chemical composition and antiinflammatory activity of Pelargonium graveolens oil (Geranium). *Indian Journal of Natural Products, 20*(4), 18-20.

化妝過度　引起之黯沉
Story

肯園的SPA接待過一些影視名人，本人都比螢幕上更漂亮，膚質也好，似乎完全不受濃妝與強光的傷害，真的是祖師爺賞飯吃。不過相反的例子也有。我們曾碰到客人要求「清場」，只因為不希望讓人看到她的廬山真面目。這位貴賓曾是政壇高層身邊的紅人，三不五時會在媒體上露臉，替主子發言。我覺得我訓練出來的芳療師缺乏階級觀念，恐怕沒法讓她滿意，所以就婉謝這個被「欽點」的榮耀。化妝效果如果太好，短時間固然可以發揮心理治療的功效，長時間卻可能搞得人精神分裂。想想看，你喜歡的那個自己若不是原來的自己，那該有多尷尬？所以化妝最好意思到了就好，不要卯起來把自己變成雜誌上的模特兒。我們在五星級飯店經營SPA時，遇過許多盛「妝」現身的客人，成為常客以後，都改為輕「妝」出巡。據說是因為先受到我們芳療師的諂媚（做完療程以後，你的氣色更紅潤了），後來又受到自家鏡子的諂媚（主人啊，你用精油以後，皮膚變得漂亮多了）。這樣的故事不是很振奮人心嗎？

溫老師教室 June's class

如果時常閱讀美容版，你會發現一個很有趣的筆法差異。有關保養品的報導，一定會大幅剖析成分的作用，但是對化妝品的報導，則只會強調呈現的效果，基本上不太討論成分。為什麼呢？因為化妝品的成分不能討論，效果愈好的愈傷皮膚。可是多數女性又難以割捨這個嗜好，只好睜一隻眼閉一隻眼地畫。亡羊補牢的辦法是，不用來路不明的品牌，並且以CSI調查員的精神還原臉蛋的現場（卸妝）。

五花八門的卸妝產品當中，近幾年最紅的就是卸妝油。這個道理很簡單，因為化妝品的成分均為油溶性，親水的乳霜當然不敵親油的油劑。很多熱賣的日系卸妝油，都添加了具有揮發性的矽酮（Phenyl Trimethicone）或另一種矽質潤滑劑（Silica Dimethyl Silylate），這類成分也常出現在潤髮產品中，用後觸感水嫩滑順。但它們和矽靈以及凡士林一樣，對皮膚而言都是種封閉劑，表面溫和，但絕非最健康的選擇。

相對於許多卸妝油甚至以礦物油為基底，芳香療法所使用的各種植物油，既沒有任何人工添加物，又能滋養肌膚，只要卸妝後用潔膚乳洗淨，一樣是清爽無負擔。古羅馬的競技士會在決鬥後用橄欖油淨身，當時的仕女也愛用橄欖油卸妝保養，值得後人效法。既然化妝是為了美麗，怎能因此損失皮膚原有的光采？如果不願素顏上陣，發揮自然就是美的情操，不妨讓自己美得自然些，做一個卸妝後皮膚仍顯風華的女人。

美人密技　Beauty tips

精油種類：松科冷杉屬精油（巨大冷杉、白冷杉、喜馬拉雅冷杉、日本冷杉、太平洋銀冷杉、落磯山冷杉、諾得曼冷杉、高貴冷杉）

完美配方：上述精油各1滴，加入20ml玫瑰籽油，混合均勻。

經濟配方：高貴冷杉精油4滴，加入10ml甜杏仁油，混合均勻。

日常保養：早晚潔膚後用少量調油塗抹全臉。

加強保養：【卸妝面膜】白芷粉＋白芨粉15ml（1大匙）＋上述調油25滴＋玫瑰純露12.5ml（2.5茶匙），敷臉10分鐘後洗去，每週敷一次。可以在敷臉同時覆蓋熱毛巾在臉上，請注意保持毛巾的熱度，不要讓它涼掉。

精油小傳　高貴冷杉　Abies procera

從荷蘭到丹麥，人們最喜歡的節慶裝飾樹種就是高貴冷杉。德國人主要使用於裝飾的枝幹樹段，也一樣是高貴冷杉。大部分號稱帶著「松香」的商品，其實添加的都是俄國農夫蒸餾出來的冷杉精油。高貴冷杉本是原生於美國西岸的大高個，與巨大冷杉不同的是，它的分布靠近內陸山區。而高貴冷杉高貴之處，在於它氣味的力量，過去甚至用它來象徵不朽。拿高貴冷杉的松針泡澡，是廣為流傳的北國傳統，目的在促進血液循環，以打破天寒地凍加諸人們身體和心理的禁錮。中世紀的藥草專家盛讚其療癒力，而高貴冷杉在今天的藥用範疇仍不

脫冷杉本色，基本上就是止咳化痰和鬆筋活骨。市面上可以找到許多專治跌打損傷的油膏和貼布，成分中都含有高貴冷杉精油。

我們在臨床上看到，低劑量時，高貴冷杉精油極適合搭配蒸臉或桑拿來使用。蒸完以後，全身的皮膚包括臉部，都更顯無垢與潔淨。而從頭到腳被高貴冷杉的香雲裊繞，更給人一種不食人間煙火的感覺。有些人認為悠遊SPA是沒有必要的奢華，其實你也可以在家中用高貴冷杉營造Home SPA的氛圍。畢竟真正能滌蕩身心的，是香氣而不是場所啊。

科學文獻

一、森林資源所提供之裝飾用綠色植物
＊文中討論高貴冷杉在德國的各種用途。

Ehlers, H.-U. (1968). Der Wald als Schmuckgrünlieferant (The forest as supplier of ornamental greenery). *Forst- und Holzwirt, 22*(24), 528-530.

二、地理差異對於高貴冷杉與紅冷杉的單萜烯成分之影響

Critchfield, W. B., Snajberk, K., & Zavarin, E. (1978). Geographic differentiation of monoterpenes from Abies Procera and Abies magnifica. *Biochemical Systematics and Ecology, 6*(4), 267-278.

陽光耀眼，讓人直想往外跑，那就來趟祕境小旅行吧！
循著微風，用力跑跳，在草地上恣意踩踏。
別朵金盞菊在胸襟，那是屬於我自己的小小太陽！

問題篇

敏感性　皮膚
story

早些年常會接到學生轉給我的個案，說是對精油過敏，有的還經醫師診斷確定。每次仔細詢問，總發現那些醫師也未針對精油做貼膚測試，光憑病人口述（擦了某某精油後發癢、起疹），就鐵口直斷。精油當然不是百分之百安全的護膚品，但只要用法正確、品質良好，我在臨床上看到真正對精油過敏的案例，比對海鮮過敏的少太多了。根據一項調查，有百分之六十的人自認為敏感肌，不過實際有皮膚問題的約占百分之二十，大家這樣風聲鶴唳，只會搞得自己更「敏感」。有個客人本來擦什麼都不行，用了精油以後皮膚變得很安定，逢人就誇芳療好。沒想到隔了一陣子再來，滿臉又是「咪咪冒冒」。經驗告訴我們，皮膚會突然跳票，百分之八十跟情感存款不足有關，所以肯園芳療師先幫她做全身舒緩療程，而不直接處理臉部皮膚。果然，她在療程後淚眼婆娑地痛訴先生的背叛，於是芳療師同時針對她的情緒與皮膚，給出居家保養的建議。她用不到兩星期就一掃棄婦陰霾，臉龐容光煥發，照她的講法是，「終於領悟愛自己比較重要！」

溫老師教室 June's class

有別於異位性皮膚炎，因為使用不當產品所導致的搔癢、紅疹、脫屑，並不會成為肌膚的常態，只要避開刺激的條件就可以改善。許多人為了避免動輒得咎，便使用含藥化妝品或凡士林、嬰兒油來護膚，其實是很沒有必要的作法。因為長期使用藥性成分只會降低皮膚的抵抗力，而凡士林與嬰兒油都屬於不透氣的礦物油製品，雖然不會引起皮膚任何反應，卻會阻礙皮膚的正常代謝，反而離健康膚質更遙遠。

皮膚是身體與外界接觸的最前線，皮膚敏感，意味著我們對外界的耐受度和應變力不足，才會過度反應。敏感肌道出我們內心深處的不安全感，因為害怕挑戰而採取退縮的姿態，把自己武裝成刺蝟來閃躲接觸。這一類的人又不太敢抒發心裡的感受，常常會壓抑尖叫大吼的衝動，就算感到極度不悅，仍然盡量按捺怒氣與

攻擊性。皮膚原本就有替代性排除的作用，敏感的表現透露出身體減壓的企圖，如果只管著消滅症狀，恐怕是治標不治本。

所以，要想改善敏感肌膚，不妨先試著理解，生活中真正讓你不舒服的是什麼？然後靜下心來反思，是否不由自主地反應過了頭？如果鼓起勇氣，以平衡的視角重新打量世界，很可能會發現，那些刺激並沒有想像中的嚴重。另一方面，敏感肌當然要認真排除化學製劑，連洗衣粉、清潔劑都該講究成分。精油中的德國洋甘菊能抗組織胺，羅馬洋甘菊可以安撫中樞神經，菊花會促進皮膚細胞再生，野洋甘菊減輕皮膚發癢，金盞菊有助消炎，都是敏感肌最好的朋友。

美人窈技 Beauty tips

精油種類：菊科精油（德國洋甘菊、羅馬洋甘菊、菊花、野洋甘菊、金盞菊）
完美配方：上述精油各1滴，加入10ml的金盞菊浸泡油，混合均勻。
經濟配方：上述精油中任一種4滴，加入10ml的甜杏仁油，混合均勻。
日常保養：早晚都用調油3滴輕拍全臉。因為精油可以很快被皮膚吸收，最多過半小時即可上妝（如果有需要的話）。
加強保養：若因氣候變化或食物引發輕微的發癢不適，　還可在塗上油後，貼敷10分鐘沾了羅馬洋甘菊純露的化妝棉。

精油小傳　金盞菊　Calendula officinalis L.

這種橙亮的花朵大概是最知名的敏感肌守護者了，在各大廠家的抗敏專用護膚品中，都能找到它的身影。它的花瓣中含有消炎力佳的三萜烯酯，以及類胡蘿蔔素之類的天然橘黃色素兼絕佳的抗氧化劑。但這些大分子無法被蒸餾收集，所以只出現在浸泡油中。若是採用超臨界二氧化碳萃取法，則精油中也會含有微量類胡蘿蔔素，所以油色會呈現比一般精油深很多的橘黃色。油含量僅0.05％的珍貴精油裡，主要成分為安定人心又消炎抗敏的倍半萜類，像是 δ-杜松醇、δ-杜松烯與 γ-依蘭烯。在瑞士

日內瓦一個有名的藥用植物園Gentiana裡，金盞菊被栽培在抗癌植物區，則是為了它晚近為人所發現的重大藥學屬性。

飽吸地中海豔陽的金盞菊，也能帶給人們陽光普照的心靈感受。自從臭氧層出現破洞以後，大家就對陽光產生過度的恐懼，但不論在生理上或心理上，它仍然是太陽系子民最原始的療癒能量。如果不想留在陰暗的角落舔舐傷口，期許自己能禁得起各方風雨，宛如小太陽的金盞菊，必定是你最溫暖有力的後援會。

科學文獻

一、使用金盞菊萃取物對於表皮再生的影響

Klouchek-Popova, E., Krŭsteva, S., Pavlova, N., & Popov, A. (1982). Influence of the physiological regeneration and epithelialization using fractions isolated from Calendula officinalis. *Acta Physiol Pharmacol Bulg., 8*(4), 63-67.

二、巴西產金盞菊精油之抗黴菌效用

Cortez, D. A. G., Fraga, S. R., Gazim, Z. C., Rezende, C. M., & Svidzinski, T. I. E. (2008). Atividade antifúngica do óleo essencial da Calendula officinalis cultivada no Brasil (Antifungal activity of the essential oil from Calendula officinalis L. (asteraceae) growing in Brazil). *Brazilian Journal of Microbiology, 39*(1), 61-63.

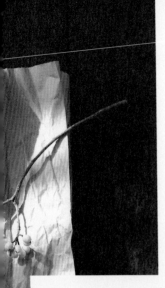

皮膚炎、濕疹
Story

荷蘭人的兩性觀念非常開放成熟，不太會為了離離合合而精神失常、尋死尋活。我和我的荷蘭先生結婚五年後，當初攜手來參加婚禮的友人一半以上都已分道揚鑣，不過仍能維持友誼，或和諧分擔育兒的責任。但人的情緒還是需要出口，我觀察一段時間之後發現，他們健康的出口是運動和旅行，不健康的出口則是心理醫生和皮膚科醫生。而台灣人因為沒有找心理醫師的習慣，所以全擠到皮膚科看門診。最顯著的例子就是濕疹，濕疹之所以反反覆覆，其實也就是因為皮膚好治、心病難醫。負責英國《衛報》家庭版專欄的安‧卡芙女士，原籍波蘭的父母都是二次大戰中猶太大屠殺的倖存者。她寫過一篇短文叫〈不能感覺的女孩〉，描述在那樣的父母面前，「正常人」的情緒都變得微不足道，沒有資格表達。所以她後來得了很嚴重的濕疹，怎麼樣都醫不好，只好去看心理醫生。未來的醫學院教育也許可以考慮將皮膚科和精神科合併，這樣的話，像濕疹之類的「痼疾」很可能就會大大提高治癒率。

溫老師教室 June's class

濕疹的成因與療方之多，恰可說明它雖不罕見卻很頑強的本質。在我的臨床經驗中，光拿精油塗抹患部的做法，成功率是50％，如果在每日飲食中加入1～3湯匙的未經氫化的植物油（如冷壓南瓜子油或胡桃油），成功率便可提高到70％。要是能每餐再補充菸鹼酸300毫克與維生素B6 200毫克，90％的濕疹都會好。芳療加上營養，已足夠紓解絕大多數的濕疹症狀，剩下10％難以破解的精神魔障，芳療也能提出一些對策。

首先要了解的是，皮膚和神經的關係如此緊密，是因為人類在胚胎時期，這兩種細胞「本是同根生」，都從外胚層分化而來。因此，我們不能只是拼命消炎、提升免疫，還必須定性安神，修養自己。皮膚是人的門面，皮膚出問題多半都跟無法肯定自我有關。所以像依蘭、茉莉之類的花香類精油，以及葡萄柚、佛手柑這類果香類精油，如果用來熏香和泡澡，對常犯濕疹的人絕對有長程的助益。

有一些濕疹患者的皮膚不太能承受一般的植物油，往往愈塗愈癢，他們的調油就只能選沙棘油作為基劑。至於特殊體質的孩童，與過敏性皮膚炎的成人，用油的門檻更高，需要長時間的堅持，起碼半年以上，才會逐漸改善。由於病情反覆，很容易讓人心灰意冷、半途而廢，此時更需要適當地曬太陽（每天上午十點以前塗沙棘油曬半小時），同時強化心理與皮膚的質地。不要忘記皮膚和神經的淵源，心思愈是杯弓蛇影，皮膚愈會草木皆兵。

美人密技 Beauty tips

精油種類：菊科精油（利古里亞蓍草、薰衣草棉、艾菊、摩洛哥藍艾菊、萬壽菊、西洋蓍草）
完美配方：上述精油各1滴，加入10ml沙棘油，混合均勻。
經濟配方：摩洛哥藍艾菊精油5滴，加入10ml小麥胚芽油，混合均勻。
日常保養：每日三次塗抹於患部，塗上後最好再貼上OK繃或紗布，可以避免藍色沾染了衣服，也可以強化精油的吸收。但每天還是要找機會讓皮膚透氣，故包覆時間一次不超過1小時。
加強保養：在患部貼敷西洋蓍草的純露10分鐘，然後塗上沙棘油曬太陽10分鐘，再貼敷西洋蓍草純露10分鐘，擦乾後薄薄塗以上述調油。可以隨時、多次進行。

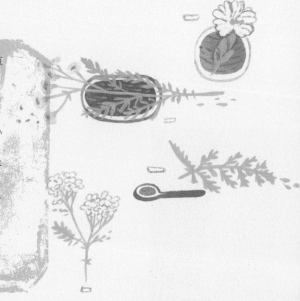

精油小傳 摩洛哥藍艾菊 Tanacetum annuum

西班牙語裡有個詞彙sangre azul（英語翻成blue blood），直譯就是「藍血」，原意為貴族血統，後來在西方泛指高貴或極其珍貴的東西。精油的世界也有一小群「藍血」階級，不但一樣價值不凡，而且是貨真價實的藍，摩洛哥藍艾菊就是裡頭藍得最深最濃的一種。它只產在摩洛哥西北，比較接近大西洋與歐陸。這個地區以外的人都無緣拜見它的廬山真面目，以往的資料也誤植為白花植物，其實它和常見的艾菊一樣開黃花，但是長手長腳東晃西搖，看起來開敞奔放，和梳包頭、穿窄裙似的艾菊大相逕庭。一般菊科的味道略苦，摩洛哥藍艾菊的氣味卻甜得歡天喜地，彷彿穿著伊頓公學的制服，卻在草地上打滾嬉鬧的大孩子。

摩洛哥藍艾菊的深藍油色，是來自於母菊天藍烴，要在萃取過程中才會形成，拿原植物浸泡或搓揉都不會出現。它還含有癒瘡木內酯，與一些稀罕的同雙萜烯，都是些自然界首見的珍奇消炎成分，可以激勵胸腺、抗組織胺，對各種過敏問題幫助都很大。即使碰到難纏的濕疹，摩洛哥藍艾菊也能讓我們的外觀恢復體面。

科學文獻

一、摩洛哥藍艾菊精油中發現的新成分：同雙萜烯
Altarejos, J., Barrero, A. F., Sanchez, J. F., Zafra, M. J. (1992). Homoditerpenes from the essential oil of Tanacetum annuum. *Phytochemistry, 31*(5), 1727-1730.

二、摩洛哥藍艾菊中的癒瘡木內酯類
Barron, A., Barrero, A. F., Mar Salas, M. del, Molina, J., Sanchez, J. F. (1990). Guaianolides from Tanacetum annuum. *Phytochemistry, 29*(11), 3575-3580.

斑點
Story

一個非常熱衷芳療的學生，上了我很多的課，也勤於用油。有一陣子看她皮膚明顯白皙不少，下課時隨口問她最近用了哪些精油，沒想到她訕訕地回答說：「擦精油確實有幫助，可是我還是想更快一點達到效果，所以去做了脈衝光……」有關淡斑這個大課題，和我因課結緣、並為我《香氣與空間》一書寫推薦序的廖苑利醫生，就出過《讓你14天白回來》等好幾本美白聖經，詳述醫學美容對於斑點問題的貢獻。但廖醫師也持平地指出，做手術一樣需要具備耐性（因為有可能會紅腫或反黑二、三個月），一樣會受生活作息和情緒壓力的影響。就這點來說，精油的淡斑雖然在搶時效上不一定拿第一，可是卻能提供更全面的淡斑身心條件。有個在南部經營知名護膚沙龍的學生就說，她在這行二十多年了，唯獨精油讓她顴骨兩側的肝斑真正淡下來。跟二十多年不上不下的經驗相比，她覺得努力用油三、四個月的成績已算奇蹟。更大的收穫是，她自覺用油以後心境比較平和，就算仍略有斑點，也沒那麼令人沮喪。

溫老師教室 June's class

斑點中最難處理的是肝斑，按一般西醫的說法，肝斑只是因為色澤若肝而得名，與肝功能無關，中醫則持相反意見。事實上，有經驗的皮膚科醫師常常發現，許多患者會因為失眠而出現肝斑加深的現象；某些口服藥物，特別是精神科用藥，也會使肝斑更暗；而做了黑斑治療後變黑的，又往往是肝斑。失眠和服藥對肝功能都會造成傷害，代謝較差也是肝功能不振的臨床表現之一，所以肝斑到底跟肝功能有沒有關係，讀者應該可以做出判斷。

精油淡斑，與其他治療方法最大的不同，在於它是全方位地處理斑點，而不是個別重點的突破。首先，它的小分子能穿透表皮，加速皮膚的新陳代謝。從真皮層進入血液循環後，又能直達肝臟，協助解毒。芳香分子還會從嗅神經進入大腦，先調整掌管情緒的邊緣系統，再左

右指揮荷爾蒙的腦下垂體。腦下垂體分泌的黑色素細胞生成荷爾蒙，會跟副腎皮質荷爾蒙和腎上腺素一起促進黑色素生成。因此緊張焦慮或憂鬱沮喪的時候，體內湧現大量副腎皮質荷爾蒙，斑點便更加黯沉了。

由於精油能同步影響皮膚、肝臟與大腦，所以它淡化的不僅是皮膚上的斑點，還可能淡化心理上的陰影。我們從許多個案身上看到，最後讓人重拾歡顏與自信的，並不全然是無瑕的肌膚，而是接納瑕疵、包容寬待的眼光。紓壓的精油讓整條黑色素的生產線切斷源頭，減少斑點再發或加劇的機會，這也使得淡斑的效果比較容易維持。所以，與其計較哪一種作法或產品比較快速，不如追求一種看自己與看世界都順眼的身心保養對策，對皮膚的效益可能還更大一些。

美人密技 Beauty tips

精油種類：繖形科精油（芹菜籽、胡蘿蔔籽、蒔蘿籽、芫荽籽、白松香）

完美配方：上述精油各2滴，加入2ml沙棘油與8ml的玫瑰籽油，混合均勻。

經濟配方：芹菜籽精油5滴，加入10ml的甜杏仁油，混合均勻。

日常保養：每日早晚薄薄輕塗全臉。

加強保養：【美白面膜】白芷粉＋白芨粉15ml（1大匙）＋上述調油25滴＋玫瑰純露12.5ml（2.5茶匙），敷臉10分鐘後洗去，每週一次。

精油小傳　芹菜籽　Apium graveolens

雖然市面上有太多產品宣稱能讓皮膚晶瑩剔透，但芹菜籽精油絕對可以在這場美白大戰中拔得頭籌。它神奇的地方，在於擁有能直接淡化褐斑的苯酞（呋喃內酯），而會引起光敏性、繖形科植物裡幾乎無所不在的呋喃香豆素，卻從芹菜種子裡奇蹟似地消失（但它的根莖葉仍有很高的光敏性）。芹菜籽的生物活性不勝枚舉，除了大家熟知的利尿降血壓，還能減輕白色念珠菌引起的陰道搔癢，紓解使人抓狂的神經性皮膚炎。媒體曾披露「經常吃旱芹可以消除煩躁心情」，芹菜籽精油也在實驗中對小鼠的中樞神經表現出安定與抗驚厥的效果。

這麼完美的精油，若說有什麼遺憾的話，可能就數它濃重的氣味了。要是不經稀釋便擦在臉上，恐怕會給人當頭棒喝的感覺。不過，芹菜籽氣味裡的忿狷簡傲，頗有「八風吹不動，一屁過江來」的反諷效果。它提醒我們，比「時時勤拂拭，不使染塵埃」更皎潔的，是「本來無一物，何處染塵埃」。真正讓人晦暗不清朗的，恐怕是那顆我執深重的心吧。

科學文獻

一、芹菜籽和耳葉水簑衣的養肝作用，抑制小鼠因乙醯氨基酚和硫代乙醯胺而產生的中毒現象

Handa, S. S., Singh, A. (1995). Hepatoprotective activity of Apium graveolens and Hygrophila auriculata against paracetamol and thioacetamide intoxication in rats. *Journal of Ethnopharmacology, 49*(3), 119-126.

二、芹菜籽精油的抗染色體畸變作用

Gill, G. B., Mittal, O. P., Sachdeva, A. & Sobti, R. C. (1991). Anticlastogenic effect of essential oil of seeds of Apium graveolens. *Cytologia, 56*(2), 303-308.

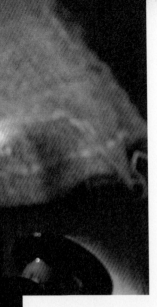

曬傷、燒燙　傷
STOry

現代芳香療法的一把火，就是從燒燙傷燃起的。法國化學家蓋特福賽做實驗時意外爆炸，實驗室
的一桶薰衣草精油，拯救了他的皮膚，也使他動念創出aromathérapie這個法文字彙。所以，處理
燒燙傷可說是精油的看家本領。1996年的澳洲芳療會議上，我曾親聆當地醫護專業人員在醫院以
薰衣草和茶樹成功處理嚴重燒燙傷的報告，而芳療課的學生也都在自家廚房有過輕量級的見證。
至於羽量級的版本，曬傷，有的光靠聖約翰草浸泡油就能安撫得很好。有一年我去雲南西雙版納
做芳香植物的田野調查，途中臨時起意跑到麗江登玉龍雪山，毫無準備地租了一匹馬，由納西嚮
導領著直上四千公尺。晚上回到下榻的旅店，突然發現自己滿臉通紅，頭皮上像是扎了一萬根
針，頭一次見識到雪地折射陽光的厲害。我忐忑不安地整頭整臉擦油，再用純露濕敷著睡覺，隔
天起來，除了面色微紅，竟然痛感全消，可以若無其事地繼續旅程。相對於我先生的白皮膚不擦
防曬便脫皮叫苦，黃皮膚加上精油和純露，在艷陽下真是勇者無敵啊！

溫老師教室　June's class

「沖脫泡蓋送」，是人人朗朗上口的燒燙傷處理程序，但在小範圍的裸露皮膚上使用純精油時，不沖水就直接滴的效果比較好。因為精油不溶於水，皮膚弄濕後，精油會不容易滲入組織發揮作用。碰到大範圍的燒燙傷，又以大量噴灑與濕敷純露更能鎮定傷口，調和了植物油的精油則適合在第二階段修復傷口。3％的維生素C溶液也有優越的止痛功能，但它需要特別調製，對於講究時效的燒燙傷而言，使用純露和精油顯然更為有利。

有些人牢記精油需要稀釋的概念，對於直接滴油在傷口上的做法十分猶豫。其實這跟精油的成分有關，含酚與含醛多的精油絕對該稀釋，其他類型的精油則要看組成比例，適用於燒燙傷的精油基本上都可以直接滴。對成分沒把握的話，當然還是稀釋了比較保險，更安全的選擇是純露，有百利而無一害，完全不必擔心用法的問題。此外，有療癒曬傷的精油，也有誘發曬傷的精油，後者多含呋喃香豆素，如佛手柑、歐白芷根等等，也要小心區隔。

燒燙傷是純屬意外，容易曬傷則跟敏感肌有重疊的心理背景。為了怕曬傷而遠離陽光，恐怕得不償失，因為陽光正是融化那顆敏感心的天然解藥。防曬防的是過度曝曬，是防曬傷而不是防太陽，這在台灣一年十二億的防曬市場中早就模糊了焦點。我個人認為，講抗曬比講防曬更符合芳療的精神與立場。只要嘗過塗了橄欖油去曬太陽，以及曬完太陽擦聖約翰草油的滋味，就能明白，被陽光親吻的生活才是生活。

美人密技　Beauty tips

精油種類：薑科精油（豆蔻、大高良薑、薑、泰國蔘薑、白草果、薑黃）
完美配方：上述精油各1滴，加入5ml沙棘油和5ml雷公根浸泡油，混合均勻。
經濟配方：薑黃精油5滴，加入10ml鰐梨油，混合均勻。
日常保養：兩小時擦一次患部，塗抹後可依部位貼敷沾了茶樹純露的面膜紙，或是用紗布包裹起來。
加強保養：以茶樹純露和穗花薰衣草的純露，每小時噴灑一次患部。噴完10分鐘後陰乾皮膚，再用上述調油厚厚塗抹患部。

精油小傳　薑黃　Curcuma longa

食療和美味這兩條平行線，碰到咖哩竟能合而為一，而薑黃正是背後的大推手。咖哩由多種香料綜合而成，靈魂人物薑黃近幾年因為抗癌作用而聲名大噪。它的精油雖然不含抗癌最有力的薑黃素，但主要成分鬱金酮一樣有明顯的抑制腫瘤效果，能拮抗子宮頸癌、白血病、肺腺癌等。薑黃的藥學屬性極多，除了抑制腫瘤外，還有絕佳的抗氧化、保肝、健胃整腸、心血管保護作用，抗菌消炎更是拿手。對皮膚系統的影響是全方位的，用於油性皮膚可抑制痤瘡丙酸桿菌，熟齡皮膚能夠抗老，而消炎的傑出表現，從一般性的曬傷、燒燙傷，到反覆發作的溼疹、皮膚炎，幾乎攻無不克。我的臨床觀察是，處理皮膚問題，薑黃比德國洋甘菊還要優越。

武功高強的薑黃，之所以未被芳療同好列入「我的最愛」，主要是因為應用上的麻煩：它也是著色力極強的黃色染料，塗上皮膚的話，一怕毀了好衣服，二怕變成黃臉婆。不過一旦停用，皮膚上的黃色就會慢慢減淡，而沾到的衣服馬上清洗的話，也不會留下印漬，若因此而不能留它做左右手，那可真是因小失大了。

科學文獻
一、薑黃揮發油抗腫瘤作用機制研究
石雪蓉、譚睿、顧健（2003）。**中藥藥理與臨床，19**（6），15-16。

二、薑黃精油的消炎與抗關節炎活性研究
Chandra, D., Gupta, S. S. (1972). Anti-inflammatory and anti-arthritic activity of volatile oil of Curcuma longa (Haldi). *Indian Journal of Medical Research, 60*(1), 138-142.

紅血絲（微血管破裂）
Story

2001年7月，我到布達佩斯參加芳香與藥用植物的國際會議，與會的科學家來自世界各國，研究領域也遍及各種具有藥用價值的植物，精油只占發表論文的一小部分。席間，我曾與一位毒蘑菇專家共進午餐。這位女士的笑聲和身軀一樣宏大，看起來完全不像長年關在實驗室裡的人。不過，一餐飯吃下來她頻頻道歉，只為時不時就掏出手帕擦汗。我禮貌地表示，自己雖然來自亞熱帶，也難擋匈牙利的盛夏。胖女士壓低聲量說，她這麼揮汗如雨，是一種更年期症候群。然後突然愁眉深鎖，講起自己出身前東德的科學機構，兩德統一後，研究經費銳減，她又開始步入更年期，那幾年過得特別辛苦。講到激動處，臉上的微血管好像要爆開來。我身上恰好帶著一瓶檀香精油，當下留給她作紀念，請她在臉上有紅血絲的地方擦擦看。回台灣兩個月後，收到她附上圖檔的e-mail。照片中，她的笑容還是「殺很大」，不過臉龐明顯平和許多，紅血絲也不再張牙舞爪了。

溫老師教室 June's class

微血管破裂這種局部或大範圍皮膚而滿紅血絲的症狀，好發於臉部及下肢。由於臉部微血管的密度高，最容易發現微血管擴張的情況，尤其在下臉頰與鼻翼兩側，乾性或敏感性肌膚的人也特別容易受此困擾。微血管擴張的因素很多，若肇因於懷孕時期荷爾蒙的變化，多會在產後逐漸消失。而先天遺傳、長期曝曬於紫外線下傷害到真皮層、外在溫度和氣候變化的刺激、過度去角質導致皮膚受損變薄，都會使血管「歷歷在目」。

酒糟鼻也是一種微血管擴張的問題，中醫認為是「先由肺經血熱內蒸，次遇風寒外束，血瘀凝滯而成。」所以重點在處理血熱和滯血。而在芳香療法中，這些功能屬於木質類精油的特長。如果能再每天補充15毫克維生素B2和1000毫克的維生素C，通常一個月內就能看到成效。B2的作用是改善皮膚的充血，維生素C則可強化血管壁以防淤血。許多皮膚藥都含有類固醇的成分，雖然消炎止癢的藥效宏大，但長期使用會讓表皮萎縮變薄、微血管擴張，絕不可碰。

當我們感到害羞尷尬、興奮緊張時，臉部血流會瞬間增加，血管擴張。無怪乎心思敏感、情感纖細、臉皮薄的人，總比其他人容易臉紅。一旦遭到環境打壓而無力反抗，這些人的內心戲有時便會用紅血絲上演。在這種情況下，說理是無法解除矛盾和糾結的，強顏歡笑也只會加劇內外衝突。但木質類的精油特別淡定，自古以來即為冥想打坐的良伴，就算是沒有宗教信仰的人，也能不知不覺受它們點化。

美人密技 Beauty tips

精油種類：樹脂類與木質類精油（澳洲檀香、太平洋檀香、安息香、苦香樹、聖檀木、香脂楊、古芸香脂、蘇合香）
完美配方：上述精油各1滴，加入20ml瓊崖海棠油，混合均勻。
經濟配方：檀香精油4滴，加入10ml小麥胚芽油，混合均勻。
日常保養：早晚在有紅血絲的部位輕輕塗抹。
加強保養：【紅血絲面膜】白芷粉＋白芨粉15ml（1大匙）＋上述調油25滴＋檀香純露12.5ml（2.5茶匙），敷臉10分鐘後洗去，每週一次。

精油小傳　澳洲檀香　Santalum spicatum

東方文化愛用檀香的程度，使它為數日減而價格暴漲。但使用檀香的傳統根深蒂固，人們並不會因此而減少用量，所以各種替身也開始變得搶手，其中好感度第一的就是澳洲檀香。檀香這一屬約有三十個品種，原生於澳洲的便有六種，而主要用以候補印度檀香的，是生長在澳洲西部的穗花檀香。一般人對替身、候補的看法，都認為一定比本尊次等。其實每一種植物都有其不可取代性，以穗花檀香來說，雖然它所含的α-檀香醇不及印度檀香多，但它擁有更多的消炎成分α-沒藥醇（20%），與抑制黑色素的金合歡醇（15%），科學家在它的精油

中還發現四種獨一無二的倍半萜類，絕對該得到更多的尊重，而不是被當成山寨版檀香。

澳洲檀香可以收斂擴張的微血管，鎮靜敏感肌，並保持膚色白皙。用於陰道能改善毛滴蟲感染症狀，還有抑制腫瘤的潛力。所有的檀香樹都是半寄生，就是用它已經很發達的根系，去貼住別人的根部，做它的百年大計。這種特殊的生存方式，使它的心材暗暗積累出一種吸納包容的香氣。印度檀香悠遠，澳洲檀香開闊，兩者都能讓人在這個毒液與花蜜共存的世界裡，不憂不懼。

科學文獻

一、檀香木中α-檀香醇和β-檀香醇對小鼠中樞神經系統的作用
沈莉納（1996）。**國外醫藥・植物藥分冊**，11（5），230。

二、澳洲檀香萃取物的防蚊功效實驗
Carver, S., Jardine, A., Spafford, H., Tarala, K., Van Wees, M., & Weinstein, P. (2007). Laboratory determination of efficacy of a Santalum spicatum extract for mosquito control. *Journal of the American Mosquito Control Association, 23*(3), 304-311.

角質　受損
story

生命靈數這種神祕的自我認識工具，有人嗤之以鼻，也有人趨之若鶩。我有個學生是半路出家的美容師，靠著生命靈數居然打敗她工作室附近的護膚名店，可見其中大有學問在。她舉例說，有回店裡來了一個大學生，一本正經地細數，自己皮膚在一年之內，從痘痘肌到乾燥肌到敏感肌的恐怖變臉歷程。新手美容師一聽也慌了，不太敢接這位怪客。但是她偷偷算了一下客人的生命靈數，得到有力暗示，便放膽去做。療程結束後，年輕的客人五體投地地表示，太棒了，一點刺痛感都沒有。於是美容師說什她就買什麼，後來還帶了一堆同學來給她做。聽到如此「靈驗」的故事，老師當然也要不恥下問，哇，你用的是什麼精油？為什麼這樣用？學生靦腆回說，就是用永久花啊（那一陣子我們上課正在講永久花）！因為大學生的生命靈數中，有四個3卻沒有半個7，這表示她很好面子，一定是過度護膚，「吃緊弄破碗」，而不是真的過敏。只是針對角質受損來調理，就換來一脫拉庫的客人，最厲害的還是這美容師的判斷力吧！

溫老師教室 June's class

一般而言，角質受損的成因可分為化學性傷害和物理性傷害。A酸、果酸深層換膚等等屬於化學性傷害；擠粉刺或痘痘造成的外傷、去角質表皮過度磨損、微晶磨皮、雷射磨皮、脈衝光治療等，屬於物理性傷害。傷害已然造成，當務之急是避免刺激，如風吹日曬、用過冷過熱的水洗臉、塗抹有冰鎮感或會發熱的產品，以及膏狀或條狀的粉底，更不能再去角質。若皮膚發紅不適，可先用純露濕敷以鎮定補水。再塗抹適合的護膚油，全力修護受損角質。

角質層為皮膚的最外層，是整張臉的錦衣衛。角質受損多由個人主動造成，原始目的本是想清除角質、痘疤、斑點、黑痣等路障，沒想到搬磚砸腳，把路面弄得更大洞。角質代謝有規律的速度，斑疤淡化也有固定的進程，欲速則不達是永遠顛撲不破的真理。而永久花是出名的補洞精油，無論是心底的洞還是體表的洞。知名品牌主打的義大利蠟菊系列，就是這個芳療界的永久花。永久花的家族其實挺龐大，每個品種都值得品味。

頻繁地清潔皮膚，同樣會造成角質受損。重複做這種不分青紅皂白的大掃除，跟不停洗手的強迫症沒有兩樣。除了可能對外表自卑，不願給人不好的印象之外，還有一種心理，是深恐被外界「玷汙」，怕受別人傷害，所以潛意識裡用刷洗的方式來「與世隔絕」。這兩種過猶不及的自我形象，都和成長期間得不到肯定有關。永久花也是童年創傷的一帖良藥，它的雙酮能幫助我們與世界和解，找到和光同塵的生存空間。

美人密技 Beauty tips

精油種類：菊科精油（窄葉永久花、苞葉永久花、露頭永久花、光輝永久花、義大利永久花）

完美配方：上述精油各1滴，加入10ml雪亞脂，混合均勻。

經濟配方：苞葉永久花精油6滴，加入10ml小麥胚芽油，混合均勻。

日常保養：早晚取2滴上述調油輕輕塗抹清潔過後的臉部。

加強保養：【平衡面膜】白芷粉＋白芨粉15ml（1大匙）＋上述調油25滴＋永久花純露12.5ml（2.5茶匙），敷臉10分鐘後洗去，每週一次。

精油小傳　苞葉永久花　Helichrysum bracteiferum

苞葉永久花長得就像一般菊花，花色也是姹紫
嫣紅，不拘一色。馬達加斯加的農民種下馬鈴
薯前，會在田裏焚燒苞葉永久花來肥沃土壤。
它是當地人極熟悉的草原景觀，使詩人寫下這
樣的詩句：「苞葉永久花熏香了整個山丘，連
洋蔥都帶著檸檬味，當我聞到愛的芬芳，我要
不計一切地換到它。」那麼苞葉永久花究竟散
發出什麼樣的氣味呢？它的精油是由桉油醇、
單萜醇與倍半萜烯三分天下，三者都占30％左
右，這種組成很特殊，在群芳譜中獨樹一幟。
有人形容那是青草味，但這個講法不準確，應

該說，它像夏日午後微風吹動的一波波草浪，
讓七手八腳的人們聞了，也跟著放慢腳步來
輕輕擺動。

苞葉永久花含有許多荜草烯，消炎作用顯著，
對於病毒感染引起的頭痛，和動輒得咎的受損
皮膚，都有很好的安撫效果。免疫系統經過它
的調教，就像從阿爾卑斯山度假回來一樣好整
以暇，不論半路遇到什麼樣的病毒埋伏，都不
會進退失據、過度反應。

科學文獻

一、苞葉永久花精油化學結構分析
Bianchini, J. P., Gaydou, E. M., & Ramanoelina, P. A. R. (ESSA Universite d'Antananarivo, Antananarivo, Madagascar). (1992). Chemical composition of essential oil of Helichrysum bracteiferum. *Journal of essential oil, 4*(5), 531-532.

二、馬達加斯加特有精油的抗菌作用研究
＊實驗所測試的精油包括苞葉永久花精油。
Bianchini, J. P., Coulanges, P., Ramanoelina, A. R., Terrom, G. P. (1987). Antibacterial action of essential oils extracted from Madagascar plants. *Archives de l'Institut Pasteur de Madagascar, 53*(1), 217-226.

脫皮　落屑
Story

最嚴重的脫皮落屑，是魚鱗癬和牛皮癬，一般即使不到那個地步，也頗有破相之憂。我有一位朋友，英俊不可方物，到藝術學校報考時，考官連作品都不看就要錄取。這樣的人居然沒被仰慕者生吞活剝，就是因為他的皮膚長年雪花飄飄。剛開始醫師懷疑是牛皮癬，但病情發展也不是典型。他的狀況好好壞壞，早就放棄用藥，連帶對一切療法都不採信。我雖然「治」不到他，還是對問題的成因很感興趣。原來他是一個被遺棄的婚生子女，父親是萬人迷，倔強的母親便帶著他和哥哥回到鄉下過日子。他常常要忍受其他孩子的嘲諷和霸凌，而強悍的母親站出來捍衛他們兄弟時，卻只是讓他更難堪。他說他小時候常幻想自己是個透明人，到了青春期，他真的變成一個顏面「掛不住」的人，每隔一段時間就脫皮落屑。西醫找不到解釋，只能推給基因。也許跟基因真的有關係，也許他想藉此擺脫像父親一樣的漂亮外表。無論如何，他的皮膚如此吻合他的心境，也給身心合一的教材添上心酸的一課。

溫老師教室　June's class

皮膚會開始脫皮落屑的原因很多，但都代表肌膚的角質層已失去正常的功能。體表有一層皮脂膜，由汗腺與皮脂腺的分泌合作而成，這兩道「防腺」除了受荷爾蒙與遺傳基因的影響，另一個關鍵因素是外在溫度。每上升攝氏一度，皮脂分泌量就提高10％，而每下降一度，皮脂的分泌量同樣會降低10％，汗腺也因天熱而擴張排汗、天冷而收縮保暖。低溫時，人的皮脂膜變得薄弱，角質層失去保護，角質細胞間的連結排列也被破壞，於是出現粗糙脫屑的現象。

想要修復這層皮脂膜，可以多攝取有機冷壓的植物油，並補充維生素E。植物油可提供源源不絕的脂肪酸，維生素E則可防止體內的活性氧分解脂肪酸。缺乏維生素E時，形成細胞膜的脂肪酸分崩離析，細胞就成了不設防城市。維生素E又名生育酚，從命名即可想見它能讓角質恢復正常的生生不息。同樣生生不息的馬鞭草科精油，可以讓過度代謝的角質懸崖勒馬，以一種和緩的速度打造自己的重生計畫。

由暖轉寒的季節交替時，不只黃葉會落，蛇殼會退，人的皮表也要更換。雖然就生理事實而言，這是太過乾燥所引起，但就大自然的意象而言，脫皮是向舊有的一切道別，在寒冬中迎接新年的進程。心理上，寒冷的氛圍使人瑟縮，溫暖的氣息能帶來滋養，無論是心靈還是身體，在冷冽的氣候中都特別需要養分。乾燥的角質細胞因缺乏滋養而槁枯散落，得到充分潤澤的角質細胞則能夠彼此緊擁，維持皮膚的美好與健康。

美人密技　Beauty tips

精油種類：馬鞭草科精油（白色馬鞭草、重味過江藤、貞節樹果、貞節樹葉、馬纓丹、檸檬馬鞭草）

完美配方：上述精油各1滴，加入20ml雪亞脂，混合均勻。

經濟配方：馬纓丹精油5滴，加入10ml小麥胚芽油，混合均勻。

日常保養：早晚潔膚後全臉塗抹。

加強保養：【抗落屑面膜】白芷粉＋白芨粉15ml（1大匙）＋上述調油25滴＋檀香純露12.5ml（2.5茶匙），敷臉10分鐘後洗去，每週一次。

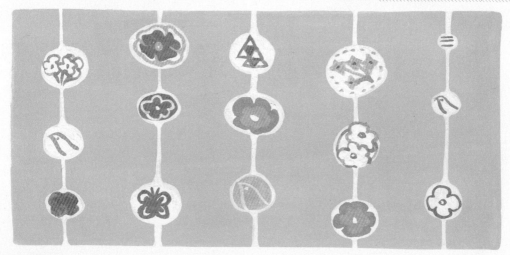

精油小傳　馬纓丹　Lantana camara L.

長著五彩繽紛的小繡球花，馬纓丹和許多來自南美洲的鮮豔動植物一樣，被界定為「有毒」物種。但它的毒，主要來自馬纓丹烯這種三萜類化合物，分子量相當大，並不存在於精油之中。相反地，馬纓丹精油還以排毒著稱呢。它的排毒作用表現在皮膚系統上特別明顯，傳統中草藥會用馬纓丹莖葉搗爛外敷或煎水洗浴，治療疥癩濕疹與各類發癢落屑。以倍半萜酮為主的精油，則可改善身體排毒導致皮膚起疹的不適。馬纓丹自身也有抗病毒的功效，用在流感與其他病毒感染的個案時，縮短病程的速度

令我印象極為深刻。馬纓丹的化學類型不少，但多以倍半萜類為主，故全都具有消炎療傷的屬性。

這種植物的領地感很強，勢力範圍不容他人染指，再加上一年到頭毫無倦意地開花結果，使它輕而易舉就能在異鄉鞏固地盤。每次出國進行芳香之旅，總會碰到一些哀嘆泡麵帶不夠的學生，我有時就半開玩笑地建議她們補充點馬纓丹精油。也許馬纓丹強悍的氣味能教會我們，不必憑藉慣常的事物，也可以生活在他方。

科學文獻

一、馬纓丹的傷口癒合作用研究（以威斯康辛州麥迪遜的Sprague-Dawley農場所生產大鼠之燙傷傷口進行實驗）
Nayak, B., and Raju, S., & Ramsubhag, A. (2008). Investigation of wound healing activity of Lantana camara L. in Sprague dawley rats using a burn wound model. *International Journal of Applied Research in Natural Products, 1*(1), 15-19.

二、翅果鐵刀木、馬纓丹、粗糙帽果的葉片萃取物治療牛隻皮膚沙蚤病的成功案例
Akakpo, J. A., Ali-Emmanuel, N., Moudachirou, M., Quetin-Leclercq, J. (2003). Treatment of bovine dermatophilosis with Senna alata, Lantana camara and Mitracarpus scaber leaf extracts. *Journal of Ethnopharmacology, 86*(2-3), 167-171.
作者註：沙蚤病是一種感染表皮層的疾病，病變特徵是滲出性皮膚炎伴隨痂皮形成。

扁平疣
StOry

扁平疣好發於青少年（尤其是女生）的臉部與手背，所以又稱作青年性扁平疣，但我見過的熟齡扁平疣也不少。有次替學生做諮詢，毛巾掀開時，全身像是長滿了雀斑，仔細端詳才看出是一些淺咖啡色的平滑丘疹。她說一家人的皮膚都這樣，可並非從小就如此，以她的情況來說，是生產之後才開始星羅棋布的。雖說扁平疣為一種具傳染性的皮膚病，因感染人類乳突病毒HPV，表皮不正常增生所導致，不過發作率較高的族群是青春期少女和產後婦女，顯然還是跟女性荷爾蒙有某種程度的關聯。那位學生看起來幹練而輕鬆，生活和工作都安排得宜，家庭與事業也能平衡兼顧，只是，隱隱約約地，還是可以嗅到一種不全然自信的距離感。有了社會歷練以後，青少年時期對外表的侷促不安也會淡化，然而，要完全卸下那種由內向外輻射的自我懷疑，也不是那麼容易的一件事。如果藉著處理扁平疣，同時正視自己無意識的自我嫌棄，最後的收穫可能就不只是光滑的皮膚而已。

溫老師教室　June's class

扁平疣初期徵候不是很明顯，它微微突起的肉色或淡褐色丘疹，常被誤診為粉刺或雀斑，因而試圖擠壓或是動除斑手術。一旦受刺激，扁平疣往往會迅速增生，令患者措手不及。其實，扁平疣擴散時呈線狀排列，這個顯著的特徵，可用來區隔其他的皮膚問題。臨床上，扁平疣除了在與人接觸時由細小的傷口傳染，帶有病毒的物品也可能引發，是否發病則與免疫機能的強弱有絕大關係。潛伏期可長達好幾個月，病灶一旦生成就很難根除，而且復發率高，難以對治。

坊間常見的治療方式有：冷凍治療、塗抹A酸、電燒……等，治療過程極傷皮膚組織，治療後會紅腫發癢，若不悉心養護，將導致色素沉澱。體表的治療固然必要，要完全擊潰扁平疣，還得靠健康的生活作息與身心狀態，加強

免疫系統才可痊癒。即使症狀非常嚴重，國外案例顯示，每天服用500單位的維生素E和50000單位的維生素A，幾星期後便可控制病情。一個月後繼續服用，但把維生素A減為25000單位，三個月內即可得到明顯改善。

低落的免疫系統在心理層面上呼應著自憐的情緒，而健全的免疫系統則象徵著強而有力的自信。在治療扁平疣的過程，患者會不斷經歷沮喪與挫折，要根除這頑固的病毒，更需要屢敗屢戰的堅強信念。以丁香酚為主的一些精油，不僅能殺菌抗病毒，還能帶給人不屈不撓的精神鼓勵。當我們在牙醫診所聞到丁香酚的味道時，一種苦盡甘來的感覺油然而生，如果經常被這種香氣圍繞，心靈或許也會逐漸壯大。

美人密技　Beauty tips

精油種類：桃金孃科精油（丁香花苞、丁香枝幹、丁香葉、多香果、香葉多香果）
完美配方：上述精油各1滴，加入20ml沙棘油，混合均勻。
經濟配方：多香果精油4滴，加入20ml小麥胚芽油，混合均勻。
日常保養：在患部輕輕塗上護膚油，一天四次。如果疣的部位靠近眼睛，可以再多加一些植物油，以免眼睛感覺刺激而流淚。

精油小傳　多香果　Pimenta dioica

牙買加對世界的兩大輸出品，一是雷鬼音樂，另一個就是多香果。不見其果，人們會以為這種香料粉是肉桂、丁香、肉豆蔻的混合，所以給了它這個名字。乍見其果，又會以為這是一種大型胡椒，它的屬名在西班牙文裡也就是胡椒的意思。這是新大陸植物運氣不佳的地方，因為人們總會拿舊印象和舊名稱套用在它們身上，但多香果當然有自己獨特的屬性和風格，就像雷鬼音樂一樣。它含有80％的丁香酚，味道比丁香更甜，溫暖中還帶著一點不修邊幅的自由，好像假日穿著短褲在後院烤肉。它的

不在乎是對抗荒謬和無理的力量，看似消極，其實是因為消化了難以下嚥之物，需要休息。

丁香酚是刺激性最小的酚類分子，抗菌抗病毒力雖非最強，卻具有匪夷所思的抗老效能。在抗氧化能力評鑑表上，丁香的抗氧化力是香茅的3倍、百里香的70倍。而多香果所含的丁香酚完全不在丁香之下，所以，當病毒與黴菌在皮膚上蓋起違章建築時，多香果就可以出任拆除大隊，還給人乾淨年輕的花容月貌。

科學文獻

一、多香果的抗微生物活性研究

Rodriguez, M., Garcia, D., et al. (1996). Antimicrobial activity of Pimenta dioica. *Alimentaria, 34*(274), 107-110.

二、以以動物實驗進行之多香果民族藥學研究

＊實驗顯示多香果具有消炎、止痛、止癢、抗胃潰瘍、保胃作用

Al-Rehaily, A. J., Al-Said, M. A., Al-Yahya, J. S., Mossa, M. S., Rafatullah, S. (2002). Ethnopharmacological Studies on Allspice (Pimenta dioica) in Laboratory Animals. *Pharmaceutical Biology, 40*(3), 200-205.

富貴手
Story

肯園的芳療師有幾個絕對不能犯的病，一旦出現病徵，大約也就可以準備離職了。此話聽來頗不近人情，甚至有違憲之嫌，但其實只是點出這種工作對身心合一的要求有多高。以富貴手為例，十三年來在肯園待過的一百三十六位芳療師裡，曾有四位深受富貴手困擾，怎麼用油用藥都沒好。有人懷疑這會不會是對精油過敏，而我們從那四個案例看到，與其說是對精油過敏，不如說是對工作過敏。這幾位原本都對芳療師的角色抱著極高的期待，也都很認真付出，後來卻發現狀況與期待有很大的落差。她們明白不能完全怪罪公司或環境，也不願放棄最初的夢想，可是又不想或不知要如何調整自己，就這樣「摩擦」出富貴手來。表面上，是富貴手迫使她們不能堅守崗位，事實上，是她們先對這個工作與自己的相合性產生問號，然後身體替她們解了套。而離職之後，精油就再也沒給她們添過麻煩。人類靠這雙手躍居萬物之靈，是他實現夢想的主要憑藉，手出了問題，也就是夢想出了問題。芳療師的體驗，不過是這個原則的極致演繹而已。

溫老師教室　June's class

富貴手是一種手部濕疹，一般是長時間泡水、頻繁接觸洗劑或化學物質，才會造成的接觸性皮膚炎，並不會傳染。因為反覆讓手濕濕乾乾，會降低皮膚的保護力。到了秋冬，由於天氣乾燥，往往愈演愈烈。富貴手常從慣用手的拇指、食指開始發作，輕則指尖脫皮，嚴重時整隻手都會粗糙乾裂，甚至掌紋消失。一般的護手霜所含的水分過多、油質過少，加上眾多複雜的化學成分，對富貴手毫無幫助；而擦凡士林等於戴手套，只能防止症狀加重，沒有半點療效。

和家庭主婦、髮廊、餐飲業、洗衣店的服務人員相比，芳療師碰水的機會並不多，使用的精油如果品質優良、稀釋得當，對玉手也只有加分的效果。工作中若是無法避免碰水，則盡量不要讓水溫過冷或過熱，溫水是最佳的選擇。

然而，身為芳療師若仍患了富貴手，按照一般人的理解，最好的治療方法可能是當個少奶奶。但事實上，只要塗上厚厚的優質油脂，再戴上材質天然的手套，把需要碰水的工作集中在一起做，取下手套以後，一樣能擁有一雙少奶奶的手。

雙手是表現生命力的工具，我們用靈巧的手指支配控制、抓取釋放，將腦中的創意付諸實現。而富貴手的乾癢、龜裂、疼痛難熬，卻讓我們做事情時綁手綁腳，無法順利執行腦袋想完成的工作，暗示著手上在做的事情與內心可能有所衝突。這時不妨停下來想一想，雙手的疼痛是要阻止什麼呢？現在做的事情，是不是內心真實的想望？施與受之間，可曾取得平衡？如果能夠內心與行動一致，那麼外在的刺激再大，也無法輕易動搖我們。

美人密技　Beauty tips

精油種類：柏科精油（羅漢柏、美洲花柏、側柏、日本扁柏、福建柏、澳洲藍絲柏）
完美配方：上述精油各2滴，加入10ml的雪亞脂，混合均勻。
經濟配方：澳洲藍絲柏精油5滴，加入10ml的小麥胚芽油，混合均勻。
日常保養：隨時塗抹，一天至少六次。睡前塗抹後，最好戴上棉質手套入睡，更可充分吸收。

精油小傳　澳洲藍絲柏　Callitris intratropica

2000年雪梨奧運舉行時，有一種嶄新的精油號稱是「千禧年的氣味」，受到高度矚目。十年過去了，千禧年的氣味煙消雲散，只留下藍色身影在一些倉庫裡坐冷板凳。這種土生土長於澳洲北領地自治區的柏樹，在1994年首度被科學家蒸餾出精油，一齣專利權爭奪戰就此拉開序幕。演到後來，戲臺上還在比武，臺下卻已做鳥獸散。當初挑起野心和熱望的，是一個叫做癒瘡木天藍烴的消炎成分，它的顏色比愛琴海還要藍，聞起來是風吹草低見牛羊。明眼人一看就知道，這是來向德國洋甘菊踢館。德國洋甘菊憑著母菊天藍烴，在製藥、化妝品和花

茶市場獨享龐大商機。投機者幻想讓澳洲藍絲柏取而代之，不料落得斯人獨憔悴。

其實澳洲藍絲柏的功效未必在德國洋甘菊之下，但一個「商品」是否暢銷，有時跟它的實力並沒有直接關係，而且被冷落也不見得是壞事。因為澳洲藍絲柏生長速度緩慢，它藍色的精油又必須用樹皮和木心才能萃出，萬一供不應求，恐怕逃不過濫墾盜伐。像現在這樣一切盡付笑談中，人們反而可以靜靜品味它，直到天荒地老。

科學文獻

一、保健用品中的癒瘡木藍香油烴：氣相色譜分析、高效液相色譜／二極管陣列檢測和光穩定性的檢測
＊本文討論澳洲藍絲柏精油中的癒瘡木藍香油烴，具獨特香氣和消炎作用。
Cavrinia, V., Fioria, J., Gottia R., Valgimiglib, L. (2008). Guaiazulene in health care products: Determination by GC–MS and HPLC-DAD and photostability test. *Journal of Pharmaceutical and Biomedical Analysis, 47*(4-5), 710-715.

二、澳洲藍絲柏精油的新型桉葉烷倍半萜烯
Ekundayo, O., Fricke, C., Koenig, W. A., Oyedeji, A. O., & Sonwa, M. M. (1998). (-)-Eudesma-1, 4(15), 11-triene from the essential oil of callitris intratropica. *Phytochemistry, 48*(4), 657-660.

極風采美人 Body

美
體
‧
篇

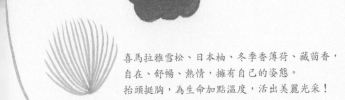

喜馬拉雅雪松、日本柚、冬季香薄荷、藏茴香，
自在、舒暢、熱情，擁有自己的姿態。
抬頭挺胸，為生命加點溫度，活出美麗光采！

健胸
Story

剛開始教芳療時，有學生發表心得，說光是用茉莉點熏燈，胸部就變大，其他學生聽了都笑翻在地，覺得真是夠了。但如此「光怪陸離」的案例，後來竟然屢見不鮮，而這類宅男女神精油，也一直都有忠實的「信徒」膜拜。客觀評估的話，那些宣稱用油有效的太平公主，根本還不到C罩杯的程度，顯然讓她們自我感覺良好的因素，不是尺寸。乳房當然是女人身體上最能凸顯「女性特質」的部位。在人類的視覺印象中，它象徵著一個女人的母性，大部分的男人仍會因傳宗接代的本能而受豐滿女性的吸引。然而，能否成為好媽媽，跟胸部大小沒什麼必然的連結，大波小波甚至和泌乳量多寡無關，中看不中用的乳房比比皆是。另一方面，我的確碰過因乳癌而萎縮變形的乳房，在用油三個月後逐漸變得柔軟有彈性。一個健胸有成的學生告訴我，用精油以後，先生的觸摸讓她超有感覺的，也願意花錢買漂亮胸罩打扮自己了，但是罩杯尺寸實際上並沒有改變。所以變大的不是胸圍，而是一個女人自愛自信的心胸吧。

溫老師教室 June's class

所謂發育良好的胸部，並不代表要有很大的尺寸，發育良好意指乳房的運作機能健全。乳房的基本構成是乳腺、脂肪和結締組織，女性在青春期時，卵細胞荷爾蒙增加，乳腺會成長，脂肪會增厚，使乳房發育成半球形。一旦過了青春期，乳房的發育基本上已經定型，但是充足的雌激素能使乳腺葉發達，補充優質脂肪、膠原蛋白能維持胸部結締組織的彈性，鍛練胸大肌也有助於維持良好的胸型。

進一步分析的話，除了雌激素可促進乳腺管發育，黃體酮也會促進乳腺泡發育，產後的泌乳激素更是乳腺的大長今。泌乳激素由腦下垂體前葉製造分泌，既能促進乳房組織生長，又能啟動且維持泌乳功能。抑鬱，乃至精神疾病，都會使泌乳激素下降。透過吸聞（加上按摩當然更好），茴香、茉莉、依蘭的芳香分子，鞭

長可及下視丘與腦下垂體，影響雌激素與泌乳激素，其作用不僅是調經健胸，還能把卑微渺小的簡愛，變成捧在手心上的羅徹斯特夫人。

想要綻放女性魅力，與其在胸部外觀上斤斤計較，不如去開發那個區塊的細緻能量。胸部的主題是「愛」，各種感覺在此集中、擴大與轉化。只要有愛，再骨感的胸部也能讓小嬰兒感覺溫暖與安全。心理健全的男性也一定會同意，主動回應的愛人比完美碩大的乳房更為可口。乳癌是乳房形象崩解的最大威脅，而我們接觸過的乳癌案例，毫無例外都在罹病前經歷過愛的土石流。所以健胸的第一步，難道不該是畜養與修復愛的能量？

美人密技 Beauty tips

精油種類：繖形科精油（歐白芷根、海茴香、芫荽葉、平葉歐芹、皺葉歐芹、洋茴香、茴香、蒔蘿全株、圓葉當歸、灰葉當歸）
完美配方：上述精油各1滴，加入10ml月見草油，混合均勻。
經濟配方：茴香精油10滴，加入10ml冷壓芝麻油，混合均勻。
日常保養：早晚塗抹胸部、小腹。平日多飲茴香純露與茴香茶。
加強保養：夜間同樣塗抹以上部位後，做熱水半身浴10分鐘。

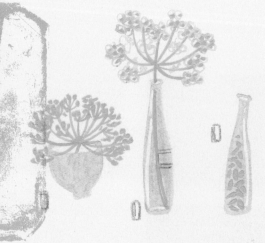

精油小傳　茴香　Foeniculum vulgare

茴香茶是很多哺乳母親的必備飲料，它發奶的作用來自於其精油中的反式洋茴香腦。在一項有趣的實驗中，茴香精油使體毛過於濃密的伊朗婦女變得比較「女性化」，這也是因為反式洋茴香腦的類雌激素作用。有一年去印度旅行，對於口味濃重的料理漸感吃不消，幸而餐廳都會提供新鮮的茴香種子當作餐後口香糖，使食客口氣清新、消化順暢不少。繖形科的種子都有幫助消化的作用，所以它們總是頻繁穿梭於各國之廚房。茴香精油就是從種子萃取所得，它還能產生一種飽足感。我多年前某次去高雄出差，在長程的火車上饑腸轆轆，一直等不到販售零食的服務人員，就靠著聞茴香精油撐過去。這個作用也使它出現在知名國際品牌的減肥產品中，想必是可以控制食慾。

野生茴香的莖幹長得骨肉亭勻，當成蔬菜的肥大莖部其實來自一種叫佛羅倫斯茴香的栽培種。它的羽狀複葉朦朧纖巧，彷彿腳踩著嫩綠的雪紡紗長裙。宛如黃色滿天星的花謝之後，會結出甜甜的果實。這種清甜延續到它的精油之中，再剛硬的肩膀碰到它，也要放軟身段。

科學文獻

一、孩童乳房早熟常見的顯著原因：茴香

Can Başaklar, A.,Karabulut, R., Sönmez, K., Türkyilmaz, Z. (2008). A striking and frequent cause of premature thelarche in children: Foeniculum vulgare. *Journal of Pediatric Surgery, 43*(11), 2109-2111.

二、由大鼠的實驗性骨質疏鬆評估茴香精油的預防效用

＊實驗以切除大鼠卵巢來測試茴香的類雌激素功能。

Ghannadi, A., Jaffary, F., & Najafzadeh, H., (2006). Evaluation of the prophylactic effect of fennel essential oil on experimental osteoporosis model in rats. *International Journal of Pharmacology, 2*(5), 588-592.

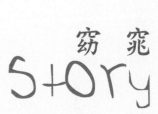

窈窕
story

早些年精油剛引進台灣時，沙龍美容業者搞了很多造神運動。比方說，曾經有一家廠商，光靠葡萄柚一款精油，就在市場上「喊水會結凍」。葡萄柚何德何能，可以叫其他產品望風披靡呢？當然是因為它能減肥。但我也有學生勤擦葡萄柚瘦身無成，痔瘡倒是改善不少。真正要做個案而不是炒作商品的話，學院派和江湖派都不足為恃，只有乖乖尊重個體差異。肯園的SPA在東區小巷開幕時，台灣還沒什麼SPA的概念，上門的客人關心的多是「塑身」，我們也從俗接了再說。那類客人往往身經百戰，在間間沙龍考驗過各家能耐，看到肯園既無儀器又無設備，總是充滿懷疑。有位空姐客人甚至揚言，要是做完療程沒瘦個把公斤，一定要來退費。我們的芳療師很平靜地接受挑戰，努力了一個半月，磅秤的數字果然退了兩格。但芳療師告訴客人，可以隨時來退費，「因為妳壓力太大，很快又會胖回來的。」空姐十分錯愕，回去以後請人送了一個蛋糕來店裡，卡片上寫著：「謝謝肯園的好朋友幫我的心情減重」。

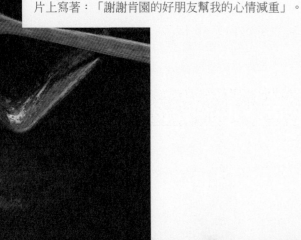

溫老師教室 June's class

大部分芳療書所列舉的減重精油，都以利尿排毒為主，像是絲柏、杜松、茴香等。但肥胖有不同的成因，也有不同的類型，需要因應差異來挑選合適的精油。以樟科的精油來說，其中既有含酮量高、分解脂肪的本樟，也有促進糖分利用與新陳代謝的肉桂，更有溫暖人心、排悶解憂的芳樟，以及支持正面形象的羅文莎葉（桉油醇樟），集合在一起時，能夠較為全面地處理肥胖的基本條件，自然會比單純的消水腫更具效果。

減肥的飲食概念也很重要，但是多數的肥胖與其說是營養過剩，不如說是營養不均。比如說，愛美人士避之惟恐不及的脂肪，就是減肥餐不可或缺的營養素之一。聽起來很弔詭，但缺乏脂肪就無法刺激膽汁分泌來分解脂肪，另一方面，缺乏脂肪會使腸內益菌無法繁殖而造成水腫。所以，瘦身絕非不能碰油，而是要選對油。有機冷壓的植物油，尤其是富含亞麻油酸的植物油，例如大豆油、紅花籽油、亞麻籽油，每天都必須攝取一至三湯匙。

許多人在壓力大時，會靠吃東西來填補自己，彷彿要厚厚的脂肪形成某種防護罩，等到身材變形，又開始批判自己，陷入一種惡性循環。其實，坦然面對內心的空虛與恐懼，相信自己、愛自己、為自己而美麗，才是窈窕的關鍵。體液的流動也象徵著生命的流動，體液滯留造成的水腫，背後常藏有僵化的思想和陷溺的情感。退一步海闊天空，該離開的就讓它離開，往前走，享受自由，我們的身影才可能不再累贅臃腫。

美人密技 Beauty tips

精油種類：樟科精油（芳樟、本樟、蘇剛達、馬達加斯加肉桂、中國肉桂、印度肉桂、羅文莎葉）

完美配方：上述精油各1滴，加入10ml椰子油，混合均勻。

經濟配方：本樟精油10滴，加入10ml向日葵油，混合均勻。

日常保養：每日早晚塗抹豐盈部位，睡前還可在塗抹後泡熱水澡10分鐘。多飲用肉桂純露。

精油小傳 樟樹（本樟） C. camphora nees & eberm. (Hon-Sho)

如果要選出一種能代表臺灣的香氣，我個人會毫不猶豫地投票給樟樹。日據時代，臺灣生產的樟腦質量皆居世界第一。幸運的是，戰後合成化學的發達使製腦業無利可圖，所以即使日本人竭澤而漁，臺灣的樟樹還不至於絕跡。樟腦萃取自樟樹的木材碎片，但今天芳療所用的樟樹精油都是在中國以枝葉蒸餾所得，樟腦比例較低，大約跟迷迭香裡的含量差不多，所以使用上相對地安全許多。樟樹主要的化學類型分為以樟腦為主的本樟，和以沉香醇為主的芳樟。本樟精油跟傳統樟腦的療效相仿，都能開

竅醒腦，活絡筋骨。而且樟腦還有消解脂肪的作用，「沙發馬鈴薯」們用了，才會想到窗外有藍天，何必癱在那裡養肚子。

臺灣南投信義鄉，有一棵一千五百歲的神木古樟。大儒朱熹的故鄉婺源，也有一棵一千五百歲的嚴田古樟。樟樹驚人的生命力，在它通透而深刻的香氣裡展露無遺。在歲月的淘洗之後，視野的縱深也會加倍延展。因此，用力吸進一口樟樹，一時一地的紛紛擾擾，轉眼也就煙消雲散。

科學文獻

一、湖南產樟樹不同部位精油分析
＊從湖南樟樹花、嫩葉以及根皮三個部位中萃取揮發油，結果顯示三種精油均表現較強的清除自由基和脂質過氧化物能力。
吳學文、游奎一、熊艷（2008）。**天然產物研究與開發，20**（6）。

二、樟樹葉及天竺桂葉的精油抑菌活性研究
馬英姿、譚琴、李恒熠、楊波華（2009）。**中南林業科技大學學報，29**（1），36-40。

橘皮 組織
StOry

《老殘遊記》裡的名章節〈明湖居聽書〉，描述說書人的長相「一臉疙瘩，彷彿風乾福橘皮」，令人嘖嘖稱奇。但要從現代人的身上找到橘皮組織，卻沒什麼稀罕的。只要夠胖，或懶得動，就有機會在大腿捏出橘子皮來。橘皮組織可以說是遙控器、網路和iPhone的好朋友，是一指神功的後遺症。我有一個八年級生的個案，據說在學校的綽號是竹竿妹，照樣揉得到橘皮組織。她去美容沙龍試過推脂，沒什麼肉的她被推得遍體麟傷，橘皮組織也不消。看了幾本芳療書以後，對精油滿懷希望，孜孜不倦地用了好久，橘皮還是紋風不動。她的一個親戚是我的學生，跑來問精油對橘皮到底有沒有用。正巧，我聽過學生提到她父親的柑橘果園，於是建議這個遠房表妹每個禮拜上山見見阿舅，順便剪個一百片橘葉回家做酊劑，睡前用酊劑加熱水泡腳15分鐘，再用精油按摩整條腿。過了兩個多月，女孩託表姊拿了一大罐她親手做的橘葉酊劑送我，說確實有效，滿心感謝。其實，這個橘葉消橘皮的案例中，最有效的是每星期的戶外勞動啊。

溫老師教室 June's class

皮膚基本構造由外而內為角質層、表皮層、真皮層及皮下組織。皮下結締組織形成的纖維束連接著真皮及深部筋膜層，當纖維束縮短把皮膚往下拉，就會使皮下脂肪組織突出到真皮層，局部脂肪的厚度與彈性各個不同，皮膚表面於是看來凹凸不平。由於女性的脂肪較男性多，女性發生橘皮組織的機率也比較高，特別容易出現在腹部、臀部、大腿等脂肪層較豐厚的地方，尤其是不常運動到的位置。

微血管循環不良，導致血液淤積；增大的脂肪細胞壓迫微血管和淋巴，導致脂肪組織外膜纖維化，這些都是脂肪組織插足真皮層的可能原因，橘皮組織因此經常伴隨著水腫。橘皮組織也不是胖子的專利，急速瘦身時，皮膚失去彈性，更會出現橘皮組織。結論是，橘皮組織算是一種循環病，即使練不了跆拳道或騎馬，只要下肢常動，無論是健走還是跳國標舞，都有機會讓人恢復亭亭玉立的風姿。

腹部、臀部、大腿是女性最圓潤的部位，這些地方的肌肉愈緊實，產程也就愈順利。就算不為生子，日常生活中所有具創意和產能的活動，也都需要旺盛的生殖能量。這個部位的鬆垮憊懶，象徵著生殖能量的萎靡不振。當務之急，就是要讓手腳腦心全都動起來。做一件沒做過的事，把自己丟到不熟悉的領域，激發潛能。橘皮組織是對於墨守成規的當頭棒喝，也是對現代生活的一記警鐘，看不到這一層，就算是猛擦精油也很難奏效。

美人密技 Beauty tips

精油種類：芸香科精油（圓葉布枯、印度花椒、竹葉花椒、阿米香樹、橢圓葉布枯、咖哩葉）
完美配方：上述精油各2滴，加入10ml的椰子油，混合均勻。
經濟配方：咖哩葉精油10滴，加入10ml的冷壓芝麻油，混合均勻。
日常保養：一天3次，以10滴按摩油塗抹在橘皮組織部位，認真按摩2分鐘後，以熱水泡下半身5分鐘。
加強保養：每週一次敷體：按摩油10滴塗抹在橘皮組織部位，用保鮮膜包裹大腿、臀部或腹部。15分鐘後解開，再以冷水擦拭這些部位。

精油小傳 咖哩葉　Murraya koenigii

咖哩葉顧名思義便知是咖哩料理的重頭戲。它在南印度和斯里蘭卡廚房的份量，就如同月桂葉之於南歐餐飲。在中國，它還被稱作麻絞葉、克尼格氏九里香葉。這種香氣強烈的小樹，自古就是藥食同源的典範，除了讓人齒頰留香，也是糖尿病、高膽固醇、肝病、皮膚真菌感染的對手，可說是阿輸吠陀的名藥。它的精油成分以單萜烯和倍半萜烯為主，像是α-松油萜、β-丁香油烴，一聞就讓人眼睛發亮。它與其他月橘屬植物一樣，個頭雖小，但是羽翼豐滿，開的花就像嫣然笑開的貝齒，白燦燦的，精神抖擻。

咖哩葉又名可因氏月橘，這個名字是為了紀念生於波蘭、受教於丹麥，並私下拜師林奈的自然學家約翰·可因。他在1773年受聘到南印度的割據朝廷做自然研究，此後便一直在當地進行植物探險，鞠躬盡瘁，死而後已。可因先生終其一生沒再見過大雪紛飛，但是被咖哩葉等活力無窮的香氣簇擁時，他一定覺得，這個世界真是太有滋味了。

科學文獻

一、咖哩葉在加速氧化與高温油炸下的的抗氧化屬性研究

Aini, I. N., Nor, F. M., Razali, I., & Suhaila, M. (2009). Antioxidative properties of Murraya koenigii leaf extracts in accelerated oxidation and deep-frying studies. *International Journal of Food Sciences & Nutrition, 60*(2), 1-11.

二、咖哩葉在自然發生與四氧嘧啶所誘發的糖尿病兔中降血糖作用之研究

Gupta R, K., Kesari, A. N., & Watal, G. (2005). Hypoglycemic effects of Murraya koenigii on normal and alloxan-diabetic rabbits. *Journal of Ethnopharmacology, 97*(2), 247-251.

妊娠紋
Story

我41歲生老大，43歲生老二，兩個都是自然受孕自然產，不過周圍的人不免有些緊張。即使是年輕的準媽媽，懷孕期間的種種不適也被視為天經地義，更何況高齡產婦。但我運氣很好，常見的孕期困擾幾乎都沒碰到。生孩子以前，體重一直維持在48公斤以下，兩次「吹氣球」的漲幅都到了60公斤。產後為了哺乳，只關注在如何讓自己營養充足，沒加入潮媽們的瘦身競賽，然而一年之內也回復到50公斤左右，兩年之後已經可以穿上「少女時代」的貼身洋裝。皮膚經過這樣戲劇性的拉扯，當然沒辦法再袒胸露肚，可是，妊娠紋是完全沒有的。事實上，我從未針對妊娠紋來調油保養，只是每天一如往常的全身塗油泡澡，若有什麼風吹草動，也和懷孕前一般用油，除了艾草、鼠尾草這類的「正黃旗」酮類精油，基本上是百無禁忌。我自己在懷孕時，也許因為體內充滿了大量的黃體酮，比平常還要放鬆、還要不擔心。現在知道，養孩子比生孩子要辛苦一萬倍，懷孕的日子和帶孩子的日子相比，簡直就是天堂。

溫老師教室 June's class

學理上，妊娠紋叫作「內擴張性條紋」，懷孕期間當腹部的膨脹速度超過了肌膚延展時，因膠原蛋白纖維和彈性纖維張力不足，經不起擴張而斷裂，便產生充血的現象。初期會使皮膚表面出現一條條粉紅色、紫紅色的紋路，而後則漸漸淡化為銀白色。妊娠紋的形成以腹部最為明顯，其他較易發生的部位為胸部周圍、大腿內側和臀部。妊娠紋也會引起皮膚發癢，選用適合的精油與植物油輕輕按摩，可以減輕皮膚變薄所產生的搔癢感。

只要生活沒有額外的壓力，現在的孕婦都從懷孕一開始就塗擦保養品預防妊娠紋。妊娠紋比其他皮膚問題更是預防勝於治療，從我經手的個案來看，以芳療預防妊娠紋絕對萬無一失。如果你不是像我一樣長期使用精油，就要挑選特定的精油與植物油才保險。已經形成的妊娠紋擦精油也能淡化，可是和痘疤不同的是，它已經傷及真皮層，完全消失幾無可能。而預防不能只做「表面工夫」，必須每天攝取高蛋白食物、維生素E 600單位，和泛酸300毫克。

孕婦最艱難的考驗，其實在於心理調適是否跟得上身體變化的腳步。離「標準」愈來愈遠的身材，和不得不放下的興趣與工作，不時會來挑戰情緒的臨界點。而張力不足導致斷裂的妊娠紋，恰恰象徵彈性不夠而潰堤的生活秩序。家人的理解與支持能幫孕婦減輕身心的包袱，但是孕婦本身也必須自立自強，鍛鍊心智來面對育兒這個更巨大的任務。芸香科果皮類的精油，不僅會增加皮膚的伸縮性，更可以放寬精神的包容度，是懷孕這趟不可思議之旅必備的登山杖。

美人密技 Beauty tips

精油種類：芸香科柑橘屬果皮類精油（佛手柑、日本柚子、粉紅葡萄柚、克萊蒙橙、紅柑）
完美配方：上述精油各2滴，加入5ml的沙棘油與5ml的玫瑰籽油，混和均勻。
經濟配方：日本柚子精油8滴，加入10ml的甜杏仁油（也可用紅桔精油替換日本柚子）。
日常保養：一天三次，以10～20滴按摩油塗抹在肚皮、臀部、大腿。
加強保養：上述調油20滴加15ml蜂蜜，厚厚塗上肚皮、臀部、大腿，再用溫熱的毛巾覆蓋15分鐘。敷完以後可用溫熱毛巾輕輕擦拭。

精油小傳 日本柚 C. ichangensis x C. reticulata var. austera（舊名：C. junos Siebold ex. Tanaka）

第八世紀，跟著遣唐使從中國回到日本的，還有日本柚子。日本柚子在中國叫香橙，是宜昌橙和酸橘子的雜交種。果肉一般是不吃的，日本人拿它做醋與醬料，坑坑疤疤的果皮則被刮下細末，在生魚片上妝點秋色。和一般柑橘最大的不同，是它能經霜耐寒。日本傳統會在冬至時用日本柚子泡澡，領受潛龍勿用的靜謐。它的香氣確實比其他柑橘來得含藏，因為倍半萜醇的比例有時可以多達36%，還會隨擺放的時間累進。基本上，柑橘屬果皮類的精油皆含壓倒性的檸檬烯，所以都能促進循環，消解積

食，讓皮膚保持彈性，甚至是防癌的明日之星。但檸檬烯很容易揮發，在20℃的條件下存放一年後，就會大幅下降，所以這類精油都要以熱戀的速度及早賞味。

松尾芭蕉有首俳句：「晚秋景寂然，賴有青桔裝點」，很能說明日本柚的「氣味倒還沉靜」。熏燈上隨手點個三五滴，就能引人向山澗走去。在那裡，平安時代的月光一路流洩至今。大江東去只能淘盡千古英雄，做個普通人反而可以輩輩過你的安生日子。

科學文獻

一、日本柚在成熟過程與不同栽培種間的抗氧化作用與主要抗氧化成分研究

Hwang, I. K., Lee, H. J., Lee, K. W., Park, J. B., & Yoo, K. M. (2004). Variation in major antioxidants and total antioxidant activity of Yuzu (Citrus junos Sieb ex Tanaka) during maturation and between cultivars. *Journal of Agricultural and Food Chemistry, 52*(19), 5907-5913.

二、柑橘屬果皮精油之成分及其消脂效果

＊實驗顯示日本柚精油在六種柑橘果皮精油中，消解脂肪作用僅次於日本夏橙，而檸檬則排名第三。

Choi, H.-S. (2006). Lipolytic effects of citrus peel oils and their components. *Journal of Agricultural and Food Chemistry, 54*(9), 3254-3258.

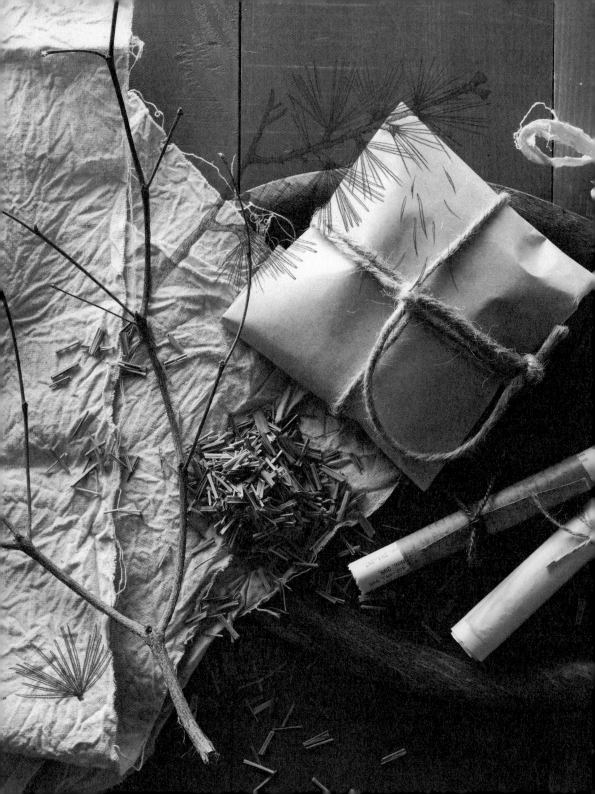

落髮、頭皮屑、脂漏性皮膚炎
Story

某些學生對芳療過於狂熱，甚至引起家人的反感。因為一般大眾很難相信，比方說拿來擦痘痘的茶樹，居然還可以用在感冒和胃潰瘍。但是靠著學習芳療而獲得家人敬重的例子，我也看過不少。有個學生在大學時代常和男友一起拿獎學金，嫁給他成為專職主婦以後，卻漸感旗鼓不相當。在銀行擔任高級主管的先生，在家也會不自覺地擺出主管的嘴臉。有段時間工作壓力太大，這位先生開始用搖筆桿取代搖頭，深怕甩出頭皮屑引人訕笑。後來情況愈演愈烈，發展成脂漏性皮膚炎，看了很久的皮膚科也不見改善。直到有一天，他突然發現自己有圓形禿，這才絕望地同意太太在他頭上用精油作實驗。以前，先生要是看到太太用油，總是語帶輕蔑地丟下一句「又在搞妳那些萬靈丹啦」，一個月的頭皮改造工程之後，他每晚都用親熱的口吻說，「老婆，快來用我們的祕密武器吧」。學生把地位平反的功勞歸給萬能的精油，我倒覺得，如果不把心胸敞開，精油就算再萬能也毫無用武之地。

溫老師教室 June's class

頭皮屑是頭皮的垃圾，由頭皮的角質層碎片、皮脂、灰塵、死去的細菌等混合而成，人人都有，差別在於有些人的特別多而明顯。一般分兩種：乾性頭皮屑是由於滋潤不足所引起的，容易在春、秋等乾燥季節產生；濕性頭皮屑，通常是皮屑芽孢菌過多，或是脂漏性皮膚炎造成。脂漏性皮膚炎是一種常見的皮膚病，發作時頭皮屑呈大塊脫落，皮脂分泌過多時，還會附著黃色的痂皮，有些也可能伴隨發紅現象，奇癢無比。

很多脂漏性皮膚炎患者常合併有落髮的問題。當開口位於毛孔的皮脂腺分泌過多時，皮脂積存在毛囊引起發炎，使製造頭髮的毛母細胞產生變化，導致毛髮生長期轉變成休止期，進而落髮。正常情況下，每個人一天大約會脫落50～80根頭髮，若是落髮中夾雜多數較短的毛髮，或是落髮量忽然增加，就要特別注意。除了脂漏性皮膚炎，造成落髮的條件還包括：內分泌失調、長期精神苦悶或緊張、缺乏特定的礦物質與維他命、內服或外用藥品的副作用、外在的傷害等。

補充維生素的幫助非常大，一般性的頭皮屑用B6就可以，脂漏性皮膚炎乃至落髮，就還要再加上葉酸和肌醇。直接從啤酒酵母與肝臟、堅果來攝取這些營養素，是最全面與最平衡的做法。適合處理這些問題的精油，同時也能帶來「松風吹解帶，山月照彈琴」的意境，幫助那顆汲汲營營的腦袋找到台階下。擦了油以後，如果能靜坐一會兒，喝杯純露，回首前塵，或許能過濾出生命中最重要的事。如果時時提醒自己那一點，說不定步調就會慢下來。

美人窈技 Beauty tips

精油種類：松科精油（大西洋雪松、喜馬拉雅雪松、落葉松、加拿大鐵杉、西部鐵杉、道格拉斯杉）

完美配方：上述精油各2滴，加入10ml瓊崖海棠油，混合均勻。

經濟配方：喜馬拉雅雪松精油10滴，加入10ml甜杏仁油，混合均勻。

日常保養：每次洗髮時，將護髮油5滴加入洗髮精清洗。每週護髮2次，將護髮油塗滿頭皮，罩上浴帽，半小時後再洗淨。

加強保養：每天在落髮或嚴重的患部薄薄塗上護髮油，然後2天洗髮護髮一次，方法同上。

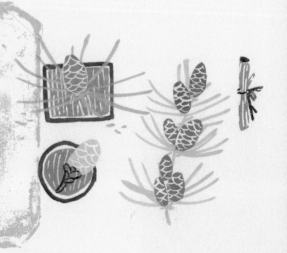

精油小傳　喜馬拉雅雪松 Cedrus deodara

喜馬拉雅雪松的種名deodara，源自梵文的devadāru，意為樹神。世界各地受人膜拜的樹木不少，但能在「聖山」被奉為「樹神」，可不能等閒視之。也許就是因為地位太崇高，引來許多沾親帶故的「雪松」，其實都是些毫不相干的柏科精油，只有喜馬拉雅雪松和大西洋雪松才承繼了松科雪松屬的正統血脈。這兩者的化學結構和藥學屬性非常相近，所含的雪松烯和大西洋酮具有敏銳的聽力和超群的統合能力，可以指揮荒腔走板的免疫系統唱出正確的曲調。我們身體防禦工事的最前線就是皮膚和

黏膜，那些應聲倒地的落髮和皮屑，以及不斷出走的皮脂，都是免疫機能不可信任的警訊。雪松有能力在這方面力挽狂瀾，同樣也不能等閒視之。

雪松能夠引動最深沉的情緒，在夢中以不同形式的水元素呈現。我的學生用了雪松以後，有夢見驚濤駭浪的，也有夢見古井深潭的。那些畫面點破的是，蠟炬成灰而淚猶未乾。但無論生命裡有多少塊卑微的碎片，雪松都能幫我們黏合起來，我以為，這正是雪松神聖之處。

科學文獻

一、喜馬拉雅雪松精油調節免疫活性之初步研究

Dikshit, V. J., Mungantiwar, A. A., Nair, A. M., Phadke, A. S., Saraf, M. N., & Shinde, U. A. (1999). Preliminary studies on the immunomodulatory activity of Cedrus deodara wood oil. *Fitoterapia, 70*(4), 333-339.

二、喜馬拉雅雪松精油藉穩定黏膜而表現之消炎作用

Dikshit, V. J., Mungantiwar, A. A., Nair, A. M., Phadke, A. S., Saraf, M. N. & Shinde, U. A. (1999). Membrane stabilizing activity -- a possible mechanism of action for the anti-inflammatory activity of Cedrus deodara wood oil. *Fitoterapia, 70*(3), 251-257.

修護　染燙髮
Story

「我想要溫柔婉約的捲髮！」、「我想要俐落的短髮！」、「我想要明亮的髮色、明亮的心情！」染燙髮以速食點餐的方式，為想要轉換形象的人提供各種面具。髮型其實比衣著、化妝更能展現個人特質，當我們說某人「長了一頭桀驁不馴的頭髮」，也暗暗指出了他的個性。還有一些人藉著變換造型來調整心情，我有個老學生就是每逢失戀必染髮，因為爛桃花太多，所以什麼髮色都試過。頭髮禁不起沮喪和染髮劑的內外夾攻，最後狀況差到讓她恨不得去剃個大光頭。雖然知道精油救得了她，可是她從小嬌生慣養，從不自己洗頭，而她的髮型設計師對精油有偏見，認定精油會把頭髮弄塌，所以拒絕幫她用精油護髮。我叫她去威脅設計師，說真把頭剃了的話，也不必護髮了。設計師被迫從善如流，學生的頭髮也逐漸活過來。有一次問她，設計師是否從此對精油改觀，她撇了撇嘴說，「哪有，他現在更討厭精油，因為我決定再也不要染頭髮啦！」

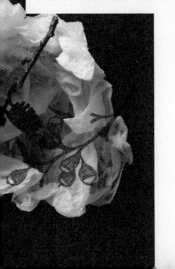

溫老師教室 June's class

在法國所做的一項研究指出，以當地市面上二百多種染髮劑採樣測試，結果，90％呈現致突變與致癌性。美國所做的研究結果大同小異，試驗市售169種氧化型染髮劑，其中150種有致突變作用。這說明什麼？說明染髮劑實實在在是一種毒藥，美麗的毒藥。剩下那10％沒那麼可怕的，對皮膚和頭髮也毫不友善，而且，染髮效果不佳。所以染髮劑就像是白雪公主吃下去的紅蘋果，看起來愈鮮豔愈毒。

燙髮劑對人體的風險比染髮劑小很多，但對頭髮的風險更大一些。無論如何一定要染燙髮的話，只有在前後下工夫。比如說，染髮前兩天不能洗頭，讓頭皮存夠油脂形成保護膜，因為染髮劑的分子都是水溶性，有了皮脂這層銅牆鐵壁，有害物質就只能停留在頭髮表面。當然你也可以在頭皮塗抹一點精油護髮油來「封鎖」頭皮，但用量不能多，否則就會像使用雙效洗護乳一樣，害你的髮絲著不上色，反而功虧一簣。

染燙完之後，則要善用純露來潤絲。因為染髮劑與燙髮劑的第一劑都偏鹼性，會侵蝕毛髮的蛋白質，用偏酸的純露潤絲將有中和的效果。而染燙過後的一星期最好就開始護髮。像旋風一樣生長的尤加利家族，既可「感召」髮膚再生，還能分解與排除毒性成分。尤加利明朗大方的氣質，也會鼓勵我們珍重本色，以做自己為榮。偶爾換造型使人耳目一新，固然可以增加生活的樂趣，但真想讓生命綻放新意的話，當然不可能光靠染燙髮。

美人密技 Beauty tips

精油種類：桃金孃科精油（直幹尤加利、史泰格尤加利、檸檬尤加利、薄荷尤加利、多苞葉尤加利、河岸紅尤加利）

完美配方：上述精油各2滴，加入10ml瓊崖海棠油，混合均勻。

經濟配方：多苞葉桉精油10滴，加入10ml荷荷芭油，混合均勻。

日常保養：每次洗髮時加5滴護髮油在洗髮精中按摩頭皮。

加強保養：每週還可以進行一次徹底的護髮，把護髮油大量塗抹於頭皮與髮梢，用熱毛巾包住，再套上浴帽。在頭上停留1小時後，以洗髮精洗淨。

精油小傳　多苞葉尤加利 Eucalyptus polybractea

多苞葉尤加利有兩種化學類型，一種含有超高比例的桉油醇，所萃精油都供製藥使用；另一種則是以稀罕的隱酮為主，專治性接觸感染疾病。隱酮是一種不飽和的單萜酮，能對抗無外套膜的病毒，例如威脅孩童健康的腸病毒，引起普通感冒的鼻病毒，和造成菜花、子宮頸癌、口腔癌的人類乳突病毒。這類沒穿大衣的病毒，可想而知，對於周遭環境的抵抗力很強，耐酸可達pH2，不會被胃酸破壞，對酒精亦具耐受性，甚至可對抗一般的清潔劑，所以一般家用洗手乳和肥皂完全無用武之地。除了隱酮，多苞葉尤加利也含有一種抗病毒的特殊倍半萜醇「桉葉醇」，以及可氧化為酚類的對傘花烴（酚類的抗菌力天下無敵），它們三位一體，把多苞葉尤加利打造成逢凶化吉的護身符。

我在雪梨皇家植物園看到的多苞葉尤加利，和其他常見的尤加利樹沒有明顯差異，但氣味跟活潑開放的表親們相比，確實多了點三思而後行的味道。它的精油除了抗病毒，對磨損過度的髮膚都有修護的作用，這當然還是拜隱酮之賜。碰到生殖泌尿道的感染，許多人不免諱疾忌醫，調個3%的多苞葉尤加利精油備用的話，應該就可以比較安心。

科學文獻

一、特定精油之抗微生物活性　＊多苞葉尤加利也是實驗精油之一。

Amani, S. M., Cudmani, N. G., Isla, M. I., Poch, M. P., Sampietro, A. R., & Vattuone, M. A. (1999). Antimicrobial activity of some essential oils. In V. Martino, N. Caffini, A. Lappa, G. Ferraro, H. Schilder, & J. D. P (Eds.), *ISHS Acta Horticulturae 501: II WOCMAP Congress Medicinal and Aromatic Plants, Part 2: Pharmacognosy, Pharmacology, Phytomedicine, Toxicology* (115-122). Mendoza, Argentina: ISHS.

二、多苞葉尤加利中的桉油醇受老鼠與人類肝細胞微粒體之細胞色素P450 3A酵素氧化研究

＊實驗顯示桉油醇是CYP3A的有效受質，而CYP3A是人類極重要的代謝酵素

Miyazawa, M., Shimada T., & Shindo, M. (2001). Oxidation of 1,8-Cineole, the Monoterpene Cyclic Ether Originated From Eucalyptus Polybractea, by Cytochrome P450 3A Enzymes in Rat and Human Liver Microsomes. *Drug Metabolism & Disposition, 29*(2), 200-205.

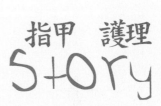

指甲　護理
STORY

古埃及有使用指甲花為指甲上色的風氣，中國在唐代以前也會拿鳳仙花浸染指甲，現代的美甲沙龍，更是把這「枝微末節」的花樣玩到極致。但無論如何修飾，十指纖纖的美感還是奠基在健康完整的指甲之上。早些年肯園仍在飯店經營管理SPA時，我們不時會接到美甲部門轉過來的客人。有一位從來就不讓芳療師按摩手部，因為她老怕華麗的水晶指甲會缺一角。某日她竟然帶著光禿禿的手來做療程，令大家詫異極了。原來她從小就有撕咬指甲的習慣，幾乎沒用過指甲剪，當了部門主管以後，常有廠商來拜會，她覺得握手是件很難為情的事，從此便離不開水晶指甲。那一次，她因為甲床分離而被醫師警告不可再黏接水晶指甲，正感到坐立難安，芳療師於是向她推薦一套護甲的做法。客人在沒有選擇的情況下，開始認真執行。三個月之後，芳療師錯愕地再次看到她光鮮亮麗的水晶指甲。客人得意地展示玉手，對精油讚不絕口，還說要介紹其他水晶指甲的同好給我們。芳療師們面面相覷，心中其實五味雜陳。

溫老師教室　June's class

指甲是由指甲母細胞製造出來的角質層，大部分由角蛋白所構成，因為沒有汗腺、皮脂腺，所以不像皮膚本身具有濕潤的作用，主要的保濕作用也只能依靠角蛋白。塗抹指甲油，會引起指甲表面異常乾燥的現象，指甲油和去光水內的溶劑，會使得角蛋白受傷，讓指甲變得脆弱、暗黃而無光澤。所以使用指甲油和去光水的次數，不宜太過頻繁，卸完指甲油後，塗按摩油也要塗抹在指緣，而非單只塗在指甲上，保持指甲母細胞的健康才可以長出好指甲。

指甲最常發生的問題有：1.容易斷裂、變黃、無光澤；2.指緣粗乾，容易勾破衣物；3.指甲太軟、表面凹凸不平；4.指甲往旁嵌入皮膚，造成疼痛。有些人為了使指甲看起來更修長，會將指甲根部的半月形的上指甲皮剝掉，其實應該盡量避免。上指甲皮可以保護未成熟的指甲，若是修掉，長出來的指甲會變成波浪形。剪指甲時也不需修剪指甲兩側，若使指甲與旁邊的側肉產生空隙，指甲母細胞之後便會往側邊多生長一些，將使指甲較易嵌入皮膚，產成疼痛。

女性在月經期間若壓力過大，指甲會生出橫向的摺痕紋路，貧血時則會出現縱向的摺痕紋路。指甲太薄或容易斷裂，都需要補充蛋白質和維生素A。甜杏仁油是法國貴族保養手部與指甲的寶物，但碰到指甲的感染問題，像是灰指甲、甲溝炎與甲床分離，就要勤擦抗感染的精油，如辣羅勒、神聖羅勒。至於習慣啃指甲的人，常拿熱帶羅勒和甜羅勒來點熏燈、泡手腳，必定可以領會「野鶴無糧天地寬」，而慢慢把手放下來。

美人密技　Beauty tips

精油種類：脣形科羅勒屬精油（檸檬羅勒、神聖羅勒、甜羅勒、熱帶羅勒、辣羅勒）
完美配方：上述精油各2滴，加入10ml的甜杏仁油中，混合均勻
經濟配方：熱帶羅勒6滴，加進10ml的甜杏仁油中，混合均勻。
日常保養：睡前以5滴調油塗抹全手，並加強按摩指甲周邊，最好戴上棉手套睡覺。足部可以用同樣的方法保養，擦油後也要穿上襪子。
加強保養：採用上述同樣的作法，按摩完畢再把雙手放進熱水浸泡5分鐘。擦乾後以2滴調油塗抹全手。

精油小傳　熱帶羅勒　Ocimum basilicum

這個品種的羅勒主要有兩種化學類型，醚類的熱帶羅勒與單萜醇類的甜羅勒。甜羅勒是義大利菜的主力佐料，熱帶羅勒則是東南亞小吃的調味王牌。熱帶羅勒在臺灣被叫做九層塔，這是以其花型而得名，廣見於亞非及熱帶美洲。它含有高量的甲基醚蔞葉酚，在動物實驗中，甲基醚蔞葉酚表現出致癌傾向，因此熱帶羅勒常被一知半解的網路或媒體宣傳成危險植物。事實上，嚴謹的科學研究評估，起碼要百倍千倍於一般的攝食量，人類才有機會「受害」，所以這是根本不必去考量的問題。其實，甲基醚蔞葉酚也具有許多重要的功能，像是抗痙攣與抗病毒等，採用芳療的法國醫生如潘威爾，因而十分看重熱帶羅勒。

我們在臨床上發現，很多緊張大師都是熱帶羅勒的粉絲，這種精油似乎能解放他們無時無刻不停歇的自我檢查。熱帶羅勒的氣味裡有一種喜劇感，讓人不那麼大驚小怪。對於一緊張就咬手的人來說，這種精油也是保全指甲的一線希望呢。

科學文獻

一、羅勒精油之抗黴菌研究（以甲基醚蔞葉酚為主的CT型）
Oxenham, S. K., Svoboda, K. P., & Walters, D. R. (2005). Antifungal Activity of the Essential Oil of Basil (Ocimum basilicum). *Journal of Phytopathology, 153*(3), 174-180.

二、巴西傳統藥材與市場所見羅勒之化學屬性研究
Simon, J. E., & Vieira, R. F. (2000). Chemical Characterization of basil (Ocimum Spp.) found in the markets and used in traditional medicine in Brazil. *Economic Botany, 54*(2), 207-216.

足部、手肘粗乾
Story

我小的時候，因為父母工作忙碌，常常被放在舅舅家。舅舅家有眾多表兄弟姊妹，還有好幾層樓的空間給小孩上竄下跳，舅媽又是專職主婦，父母不在身邊的寂寞感因此沖淡不少。我被當成舅舅家裡的另一個孩子，遠足有舅媽早起替我做壽司，放學回來也有舅媽幫我洗澡擦腳。讀大學時，有次在回舅舅家的路上走在一個婦人後頭，滿滿的菜籃壓得婦人腳步歪斜，她穿著拖鞋的腳後跟看起來像風化剝蝕的岩塊。我一路盯著她的腳，揣想是什麼東西這麼磨人，一不留神撞上了她，婦人回過頭來，竟是我舅媽！年輕女孩在中年婦女腳上驚訝地見到，小一輩的成長，要耗掉上一輩多少氣血。而我去年在普羅旺斯，拖著兩名年幼的孩子，連續導覽了四團的芳香之旅。每晚哄睡孩子以後，就要小心照應烈日烘乾的皮膚。等到旅程結束，赫然發現沒曬到太陽的腳皮，卻變得粗硬不堪。我一邊用精油亡羊補牢，一邊想起舅媽的腳，心裡明白，曾經被照亮的他人，也走進了燃燒自己的世代。

溫老師教室 June's class

打點好全身，才猛地發現手肘與腳底有一層粗皮，真是名符其實的美中不「足」。就算不常穿過硬或令腳底施力不均的高跟鞋，日積月累的壓力，也會讓表皮因負重與磨難而變得粗厚。過去的澡堂有專門「磨腳」的服務，現今市面上也有專為懶美人設計的足膜，但激烈的做法會使腳底角質不停脫落，過於軟嫩的皮膚受不了一丁點摩擦，反而又會拼命增厚來保護自己。所以，想軟化硬皮的話，只能來軟的，不能來硬的。

要使手肘和足部的皮膚，從乾扁菜瓜布恢復到平滑天然棉的狀態，有以下幾個步驟可供參考：1.用溫水浸泡雙腳或手肘，使其角質軟化；2.塗抹去角質產品，依角質堆積的程度可選擇使用酵素分解或是顆粒磨砂，如果角質相當肥厚頑強，可利用浮石稍加搓揉；3.塗抹純露，目的在於補充角質層的水分，使角質細胞能均勻平整排列；4.塗上植物油，鎖水並滋潤表皮；5.不論冬夏，都可穿上襪子及袖套，避免乾粗部位受冷空氣或空調襲擊。

全身上下的皮膚，最被忽略的就是腳底和手肘了。可是保養腳底不只是有美容上的意義，更具保健上的價值。因為腳底有全身上下各部位的反射區，藉著按摩腳底，也等於按摩了那些器官與組織。對腳來說，鼻子天高皇帝遠，所以一些功效卓著但氣味「獨樹一格」的精油，便可以在那裡找到理想的舞台。比如，繖形科裡很中東很北非的各類茴香，作用從抗黴菌、解痙攣到軟化角質、減輕腳臭，射程極廣，值得一試。

美人密技 Beauty tips

精油種類：繖形科精油（藏茴香、印度藏茴香、阿密茴、防風草根、小茴香）

完美配方：上述精油各5滴，加入10ml雪亞脂，混合均勻。

經濟配方：藏茴香精油20滴，加入10ml的小麥胚芽油，混合均勻。

日常保養：每日早晚塗抹粗乾的腳底板或手肘。晚間可以先做熱水足浴10分鐘，再厚厚塗上一層調油，然後穿上棉襪入睡。

精油小傳　藏茴香　Carum carvi

藏茴香的精氣神大概都表現在它50%的藏茴香酮裡。這個右旋的單萜酮已被證實具有顯著的抗腫瘤作用，可用以防治胃癌。而藏茴香酮的抗癌機轉，在於它能提升榖胱甘肽S-轉移酶這種重要解毒酵素的活性。藏茴香同時還含有近50%的檸檬烯，這又是一個新興抗癌分子，所以藏茴香根本就是第一流的防癌食物。它消脹氣的本事舉世無雙，歐洲人特愛把它加進難消化的乳酪與裸麥麵包裡，製藥工業也用它掩蓋合成藥物的難聞氣味，可說是長於化繁為簡。因為屬於酮類精油，所以用在皮膚上沒什麼刺激性，還可以讓皮膚變得細嫩柔軟，只要注意塗抹部位不過度曝曬即可。

根據知名人類學家費孝通的理論，華人社會的組織原則可謂「差序格局」，就像拿石子打水漂引出的層層漣漪。相對地，西方社會的組織則呈現一種「團體格局」，宛如捆柴成束，根根分明。現代華人的人際困擾，常常就起於這兩種格局的衝突。而藏茴香的能量，兼具了樂於融和的單萜酮，與善於串連的單萜烯，肯定能在那樣的心理壓力下，幫我們找到一條中庸之道。

科學文獻

一、藏茴香萃取物及其部分成分提升生物利用度（藥物被吸收利用的程度）之效能研究
Bioavailability enhancing activity of carum carvi extracts and fractions thereof.
USPTO Application #: 20080292736

二、藏茴香與艾菊之水萃取物對正常小鼠的利尿作用研究
Lahloua, S., Tahraouia, A., Israilib, Z., & Lyoussi, B. (2007). Diuretic activity of the aqueous extracts of Carum carvi and Tanacetum vulgare in normal rats. *Journal of Ethnopharmacology, 110*(3), 458-463.

香港腳
Story

足部使我們與大地連結，和現實接軌，也是重心挪動的最前哨。腳負責帶動身體其他部位，象徵生命前進的方向。因此，足部的毛病，常暗示人生的方向與內心相左，或是對前方的世界沒有安全感。同時，腳板是我們立足的基點，如果喪失平衡，身體就要傾倒。香港腳的奇癢，讓人焦躁不安，無法腳踏實地安心站定，更不要說大步向前了。而不斷的脫皮，期待的是昨日種種譬如昨日死，偏偏生活上老是原地打轉。茶樹精油治香港腳的聲名遠播，許多人用後卻大失所望，一方面因為茶樹的萜品烯四醇的確稱不上是黴菌剋星，另方面也因為患者對以上的「潛規則」一無所悉。我有次跟一位黴菌的長期飯票探討香港腳的心理癥結，那位先生咬著下唇，聽了老半天都不作聲，最後突然冒出一句「那妳的意思是說，我只要離婚，香港腳就會好是嗎？」　我只好請他下次把太太一起帶來諮詢。幸好兩人的問題不深，只是一直沒把話說開，後來他們安排了一趟峇里島復合之旅，據說全程穿夾腳拖鞋呢。

溫老師教室　June's class

這種學名為足癬的病，是黴菌感染所造成的，容易透過接觸傳染，例如：共穿拖鞋、赤腳行經患者走過的地板。所以臨床上有不少一家子都有香港腳的案例，為了避免反覆傳染，最好全家人一同治療。香港腳的症狀大致可分為水泡型、脫皮型、角化型。水泡型常伴隨著令人受不了的癢，特別好發在腳趾的趾縫間，抓破水泡後易擴散到周圍，有時還會嚴重到趾間糜爛。角化型會在腳底形成又硬又厚的繭，也容易皸裂勾破絲襪。

夏天時，許多人香港腳的症狀會加劇，這是由於汗水、悶熱的濕氣會增加黴菌的孳生，所以改善香港腳的第一個重點就是要保持足部的乾爽與透氣，減少黴菌喜愛的養成所。另外，若是黴菌感染深入指甲，就會造成灰指甲，因為菌絲藏在又厚又硬的指甲中，不易消滅，因此合併患有香港腳與灰指甲的朋友，如果不根治灰指甲，指甲常會變成黴菌的大本營，即便皮膚上的黴菌已治癒，指甲中的黴菌還是會散布開來，造成反覆的感染。

要杜絕黴菌感染，飲食中就不能缺乏維生素B群，且必須長期大量地補充。要注意的是，在夏天強灌冰飲或飲酒品茶嗑咖啡時，B群便會大量流失。另外，酷好甜食也會長黴菌志氣、滅自家免疫細胞威風，這些都是香港腳患者要特別留意的地方，小不忍則亂大謀。酚類和醛類精油對於抑制黴菌生長非常有效。不過，如果患者不忌口，咖啡甜食來者不拒，就算精油的野火燒得盡，終究還是會春風吹又生的。

美人窈技　Beauty tips

精油種類：脣形科精油（希臘香薄荷、冬季香薄荷／夏季香薄荷、西班牙野馬鬱蘭、希臘野馬鬱蘭、摩洛哥野馬鬱蘭）

完美配方：上述精油各3滴，加入10ml的金盞菊浸泡油，混合均勻。

經濟配方：冬季香薄荷10滴，加入10ml的甜杏仁油，混合均勻。

日常保養（預防）：每天早晚用4滴按摩油細細塗抹腳趾周邊，塗完後最好穿上透氣棉襪。

加強保養（治療）：一天4次用四滴按摩油細細塗抹腳趾周邊。睡前還要塗抹一次，塗好後用熱水進行足浴10分鐘，足浴的水中可以加入蘋果醋10ml。

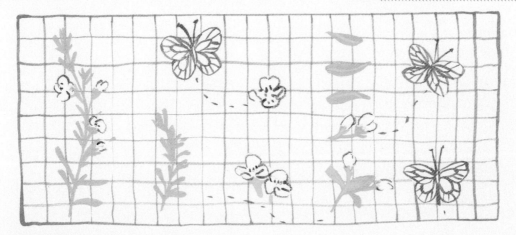

精油小傳　冬季香薄荷　Satureja montana

冬季香薄荷的中文名稱很容易引起誤會，其實它是風輪菜屬，氣味和外觀跟薄荷毫無關聯。跟其他含酚量高的植物相比，冬季香薄荷長得最內斂。青綠的嫩葉、雪白的小花，一點也瞧不出它居然是法國人心目中的壯陽良藥。不像野馬鬱蘭之輩，到了花期的終點，看起來簡直像被大火燒過一樣。也許就是這份含藏的工夫，使得一天到晚虛火上揚的現代人，可以免受黴菌圍剿。我們在臨床上看到，香港腳或是其他的黴菌感染，現在比較少是因為衛生習慣不良引起的，個案多半煩勞過度而陰虛火旺，又偏愛咖啡、甜點的安慰，不管用什麼皮膚藥對付

這些毛病，都是野火燒不盡，春風吹又生。所以重點還是要守住自己內裡的元陽，這就是冬季香薄荷的專長。雖然它表面的抗黴菌作用一點都不含糊，不過更可貴的是它固本培元的工夫。就中醫的見解來看，這種工夫還能強腎，這就跟浪漫法國人對它的心得不謀而合了。

冬季香薄荷是燒得通紅的備長炭，它靜靜躺在火盆裡，把初雪溶成泡好春茶的溫度。小啜一口，就能讓人通體舒暢，再也不把萬丈紅塵放在心上。

科學文獻

一、冬季香薄荷精油對致病性與致腐性的酵母菌之抗微生物研究

＊實驗顯示冬季香薄荷可抑制46種酵母菌。

Ciani, M., Fatichenti, F., Mariani, F., Menghini, A., Menghini, L., & Pagiotti, R. (2000). Antimicrobial properties of essential oil of Satureja montana L. on pathogenic and spoilage yeasts. *Biotechnology Letters, 22*(12), 1007-1010.

二、冬季香薄荷和野香薄荷精油的成分與抗微生物研究

＊實驗顯示冬季香薄荷對大腸桿菌、金黃葡萄球菌與白色唸珠菌有強大抵抗力。

Bezić, N., Dunkić, V., & Skočibušić, M. (2005). Phytochemical composition and antimicrobial activity of Satureja montana L. and Satureja cuneifolia Ten. essential oils. *Acta Botanica Croatica, 64*(2), 313-322.

芳療私塾╳BEAUTY

附錄　精油植物效用快速檢索表

植物	學名	萃取部份	主成分	功效
美洲野薄荷	Mentha arvensis	葉	薄荷腦	控油、抗菌抗黴、止痛、止癢、退紅、消腫、減緩阿滋海默症
桂花	Osmanthus fragrans	花	紫羅蘭酮	去油、抗菌、可吸附氯、硫、汞而淨化環境
印度茉莉	Jasminum officinale var.grandiflorum (L.) klbuske	花	素馨酮	保濕、抑制B型肝炎病毒、抗氧化
馬鞭草酮迷迭香	Rosmarinus officinalis L. verbenone CT	葉	酮類	抗老化、促進細胞再生、抗菌、抗自由基、抑制腫瘤生長
巴西胡椒	Schinus terebinthifolius raddi	葉	δ-3-香菜烯（皆烯）、α-水芹烯	消毒潰瘍皮膚、紓解支氣管炎、改善口腔疾病、促進口腔黏膜傷口癒合、抗氧化
白玫瑰	Rosa alba	花	β-大馬烯酮、β-大馬酮、β-紫羅蘭酮	促進皮膚再生、美白提亮、抗曬
真正薰衣草	Lavandula angustifolia	花（全株藥草）	乙酸沉香酯	抗紫外線、抑制老化、促進傷口癒合、抗突變
檸檬百里香	Thymus vulgaris, CT limonene	全株藥草	檸檬烯	抗菌、抑制腫瘤、對神經系統的影響、去油膩、防腐壞
穗甘松	Nardostachys jatamansi	根部	β-古芸烯、纈草酮	安神、改善癲癇、治療精神分裂、失眠及神經緊張症狀
乳香	Boswellia carterii	樹脂	檸檬烯、β-月桂烯、橄欖多酚	改善黑眼圈、紓解鼻炎、抗癌、治氣喘、強化免疫、改善鬆弛晦暗的眼周、頸部和陰道、活血、止痛消腫生肌
蛇麻草	Humulus lupulus L.	花	α-葎草烯	消除眼袋、助眠、調經、抑制腫瘤、抗病毒、抗老化、改善浮腫的皮膚、治療濕疹、粉刺和癤子
白玉蘭花	Michelia alba	花	苯甲酸苯甲酯、乙基苯甲酸苯酯	消除脖子細紋、安撫脆弱易癢肌膚、恢復肌膚彈性、止咳清肺、抗子宮頸癌、抗菌、抗憂鬱、抗氧化、消炎退燒
濱海松	Pinus pinaster	葉	α松油萜、β松油萜	改善魚尾紋、法令紋、淡化細紋、抗自由基、抗腐食酪蟎
苦橙葉	Citrus aurantium bigarade, leaf oil	葉	乙酸沈香酯、沈香醇、鄰氨基苯甲酸甲酯	收毛孔、收斂焦躁情緒、平衡自律神經
杜松	Juniperus communis	漿果	α-松油萜	瘦臉、消水腫、抗氧化、修護膝蓋組織、抑制臉部出油
玫瑰草	Cymbopogan martini	葉	牻牛兒醇	使臉色紅潤、抗菌、治療中耳炎、鼻竇炎、陰道炎、香港腳、重建皮膚表層菌叢生態，讓皮膚局部充血、消炎、驅蚊
花梨木	Aniba rosaeodora ducke	樹幹	沈香醇	淡化乳暈、細緻肌膚、淡化黯沉膚色

植物	學名	萃取部份	主成分	功效
香桃木	Myrtus communis	葉	桉油醇、乙酸香桃木酯	增長眉毛與睫毛、消除自由基、抗突變、抗菌、抗黴、改善孩童呼吸道問題、抗遺傳毒性
一枝黃花	Solidago canadensis	花	大根老鸛草烯D、月桂烯	淨化排毒、抗菌、治療陰道發癢、預防新生兒尿布疹和其他皮膚困擾、抑制腫瘤、治療頻尿但又尿不出來症狀
小葉鼠尾草	Salvia officinalis	全株藥草	樟腦、1-8桉油醇	溶解閉口粉刺、溶解皮脂、軟化角質、治療手汗症、緩和情緒、舒緩焦慮
銀合歡	Acacia dealbata	花	亞油酸甲酯、正十九烷、十七碳烯、苯甲酸苯甲酯	癒合閉口粉刺傷口、鎮靜消腫、抗菌、促進細胞再生、使肌膚柔軟、阻斷黑色素形成以淡化膚色
矽卡雲杉	Picea sitchensis	葉	樟腦、龍腦、乙酸龍腦酯、β-水茴香帖	去除黑頭粉刺、抗菌、安定神經並收斂皮脂腺、淨化環境、使皮膚軟嫩
廣藿香	Pogostemon cablin	全株藥草	癒瘡木烯、布黎烯、廣藿香醇	改善發炎面皰、治癒爛瘡、促進靜脈與淋巴微循環、抑制癬菌、真菌、調節免疫系統
艾草	Artemisia vulgaris	全株藥草	單萜酮、側柏酮、樟腦、桉油醇	去痘疤、消炎、使皮膚再生、通經絡、抗呼吸道的黏膜感染、養肝利膽、加速產程、驅蟲消毒
沼澤茶樹	Melaleuca ericifolia	葉	沉香醇、桉油醇、萜品烯	改善臉部凹凸不平、促進細胞再生、抑制腫瘤
波旁天竺葵	Pelargonium graveolens	葉	牻牛兒醇	細緻膚質、抑制腫瘤、抑制真菌生長、消炎、治癒尖銳濕疣、提高經皮吸收藥物和複方按摩油吸收率
高貴冷杉	Abies procera	葉	松油烯	明亮因化妝過度引起之肌膚黯沉、止咳化痰、鬆筋活骨、治跌打損傷、清潔淨化
金盞菊	Calendula officinalis L.	花	肉荳蔻酯、棕櫚酸、款冬二醇、三帖醇	強化敏感性肌膚、消炎抗敏、安定人心、抗癌、促進表皮在生、抗黴
摩洛哥藍艾菊	Tanacetum annuum	花（整株藥草）	癒瘡木內酯、同雙萜烯	治療皮膚炎、溼疹、消炎、激勵胸腺、抗組織胺、改善各種過敏問題
芹菜籽	Apium graveolens	葉	苯酞（呋喃內酯）、呋喃香豆素	去斑、加速皮膚新陳代謝、協助肝臟解毒、減少黑色素生成、利尿降血壓、減輕白色念珠菌引起的陰道搔癢、紓解神經性皮膚炎、安定神經、抗驚厥、抗染色體畸變
薑黃	Curcuma longa	根部	鬱金酮	治療曬傷、治療燒燙傷、修復傷口、抑制腫瘤、抗氧化、保肝、健胃整腸、保護心血管、抗菌消炎、抑制痤瘡丙酸桿菌、抗老、消炎、治療溼疹皮膚炎

植物	學名	萃取部份	主成分	功效
澳洲檀香	Santalum spicatum	木質	α-沒藥醇、α-檀香醇、金合歡醇、倍半萜類	改善紅血絲、處理血熱和滯血、消炎、抑制黑色素、收斂擴張的微血管、鎮靜敏感肌、保持膚色白皙、改善毛滴蟲感染、抗腫瘤、防蚊
苞葉永久花	Helichrysum bracteiferum	花	1-8桉油醇、β-丁香油烴、α-葎草烯	修復受損角質、消炎、治療病毒感染引起之頭痛、強化免疫系統
馬纓丹	Lantana camara L.	葉	印蒿酮	治療脫皮落屑、疥癩與濕疹、排毒、改善身體排毒導至皮膚起疹的不適、抗病毒、抑制流感病毒、消炎療傷、促進傷口癒合
多香果	Pimenta dioica	果實	丁香酚	治療扁平疣、殺菌抗黴、抗病毒、抗老化、抗氧化、消炎、止痛、止癢、抗胃潰瘍、保胃作用
澳洲藍絲柏	Callitris intratropica	葉	癒瘡木天藍烴	治療富貴手、消炎
茴香	Foeniculum vulgare	種籽	反式洋茴香腦	調經健胸、影響下視丘與腦下垂體、促進分泌雌激素與泌乳激素、清新口氣、幫助消化、預防骨質疏鬆
樟樹（本樟）	C. camphora nees & eberm. (Hon-Sho)	葉	1-8桉油醇、樟腦	窈窕、開竅醒腦，活絡筋骨、消解脂肪、清除自由基和脂質過氧化物、抑菌
咖哩葉（可因氏月橘）	Murraya koenigii	葉	香橙烯、β-丁香油烴、α-帖品醇、γ-帖品烯	改善橘皮組織、治療糖尿病、高膽固醇和肝病、抑制皮膚真菌感染、抗氧化
日本柚	C. ichangensis x C. reticulata var. austera（舊名C. junos Siebold ex. Tanaka）	果皮	倍半萜烯、檸檬烯	淡化妊娠蚊、消脂、抗氧化、保持皮膚彈性、促進循環、消解積食、防癌
喜馬拉雅雪松	Cedrus deodara	葉	雪松烯和大西洋酮	改善落髮、頭皮屑、脂漏性皮膚炎、調整免疫系統、穩定黏膜
多苞葉尤加利	Eucalyptus polybractea	葉	桉油醇、隱酮、桉葉醇、對傘花烴	修護染燙髮、抗無外套膜的病毒（腸病毒、鼻病毒、人類乳突狀病毒）、抗菌、修護磨損過度的髮膚
熱帶羅勒	Ocimum basilicum	全株藥草	甲基醚蔞葉酚	護理指甲、抗痙攣、抗病毒、抗黴
藏茴香	carum carvi	種籽	藏茴香酮	改善足部手肘粗乾、抗黴、解痙攣、軟化角質、減輕腳臭、抑制腫瘤、提升解毒酵素活性、消脹氣、細緻肌膚、提高藥物被利用度、利尿
冬季香薄荷	Satureja montana	全株藥草	香荊芥酚、對傘花烴、萜品烯	治療香港腳、抗黴、抗菌、強腎、壯陽

bon matin 7

芳療私塾×BEAUTY
溫 老 師 4 5 種 不 藏 私 精 油 美 容 法

作　　者　溫佑君

總 編 輯　張瑩瑩
責 任 編 輯　林毓茹
視 覺 統 籌　種籽設計・企劃事務所
攝　　影　廖家威
行 銷 企 畫　黃煜智、黃怡婷

社　　長　郭重興
發行人兼
出版總監　曾大福
出　　版　野人文化股份有限公司
發　　行　遠足文化事業股份有限公司
　　　　　地址：23141新北市新店區民權路108-3號6樓
　　　　　電話：（02）2218-1417　傳真：（02）8667-1065
　　　　　電子信箱：service@sinobooks.com.tw
　　　　　網址：www.bookrep.com.tw
　　　　　郵撥帳號：19504465遠足文化事業股份有限公司
　　　　　客服專線：0800-221-029
法 律 顧 問　華洋國際專利商標事務所 蘇文生律師
印　　製　上晴彩色印刷製版有限公司
初 版 首 刷　2012年1月
初 版 七 刷　2014年2月

定　　價　350元
ISBN　978-986-6158-77-3　　有著作權　侵害必究
歡迎團體訂購，另有優惠，請洽業務部（02）22181417分機1120、1123

Special Thanks
mama de maison、阿爾卑斯花園 法國好市集、清松園、
種籽設計・企劃事務所、攝影師阿威、肯園與野人夥伴們
提供相關器物協助拍攝。

國家圖書館出版品預行編目資料

芳療私塾×BEAUTY：溫老師45種不藏私精油美容法 /
溫佑君 著.– 初版.– 新北市：
　野人文化出版：遠足文化發行, 2012. 01 [民101]
　224面；17 × 21公分. --（bon matin：7）
　ISBN　978-986-6158-77-3（平裝）
　1.皮膚美容學 2.芳香療法 3.香精油
425.3　　　　　　　　　　　　　　　100025771

說故事的設計

我們相信情感可以改變商業世界的樣貌

種籽　設計 www.seedesign.com.tw
台中市北區梅亭街428號　04-22085548

mama de maison　食器＆料理教室　02-2966-8189　新北市板橋區縣民大道一段183號1F（府中站1號出口）營業時間：周二～周六 12:00～18:00（周一、周日店休）

mama de maison ＝ 主婦的家

主婦希望，我的家像個café
乾淨、美麗、舒服
我帶著愛意輕柔的烹調食物
我知道
暈黃燈光的餐桌上
家人小孩吃的健康滿足
才讓我安心

主婦希望，我的家像個café
可以安靜獨處
我將烘焙一盤焦香的杯子蛋糕
邀請妳們來喝茶
我們吱吱喳喳傾訴心裡的話
妳說
單純真好

主婦希望，我的家像個café
我願意辛勤打掃
我願意照顧她
我願意努力學習進步
只為了
愛自己
讓我深愛的家人更愛家

by mama de maison

www.mdm.tw

廣 告 回 函
板橋郵政管理局登記證
板 橋 廣 字 第 1 4 3 號

郵資已付　免貼郵票

23141
新北市新店區民權路108-3號6樓
野人文化股份有限公司　收

請沿線撕下對折寄回

書名：芳療私塾×BEAUTY
溫老師45種不藏私精油美容法
書號： 0NBM0007

野人文化讀者回函卡

野人

姓　名 _____

地　址 _____

　　　 _____

電　話 （公）_____（宅）_____（手機）_____

Email _____

學　歷 □國中（含以下）　□高中職　□大專　□研究所以上

職　業 □生產 / 製造　　□金融 / 商業　　□傳播 / 廣告　　□軍警 / 公務員

　　　 □教育 / 文化　　□旅遊 / 運輸　　□醫療 / 保健　　□仲介 / 服務

　　　 □學生　　　　　□自由 / 家管　　□其他

＊你從何處知道此書？

□書店　□書訊　□書評　□報紙　□廣播　□電視　□網路

□廣告DM　　　□親友介紹　　□其他

＊你通常以何種方式購書？

□逛書店　□網路　□郵購　□劃撥　□信用卡傳真　□其他

＊你的閱讀習慣：

□百科　□生態　□文學　□藝術　□社會科學　□地理地圖

□民俗采風　□休閒生活　□圖鑑　□歷史　□建築　□傳記

□自然科學　□戲劇舞蹈　□宗教哲學　□其他

＊你對本書的評價：（請填代號，1.非常滿意　2.滿意　3.尚可　4.待改進）

書名　　封面設計　　版面編排　　印刷　　內容　　整體評價

＊你對本書的建議：

_____

_____

_____

_____

_____